四川美术学院学术出版基金资助

城市绿色基础设施

任洁　著

中国建筑工业出版社

前　言
Preface

　　城市绿色基础设施作为城市精明增长及精明保护的控制方式之一，旨在通过对自然空间资源的保护以及对社会、经济、人文等要素的充分尊重，构建形成城市的自然支撑系统。该系统的形成及稳定可为城市未来发展提供基本的生态安全保障格局及发展控制框架，最终实现土地资源的合理保护及城市蔓延的有效控制，为城市未来的可持续发展提供基础。

　　本书从绿色基础设施的源起与发展开始，归纳并阐述了绿色基础设施的实质内涵及其具体内容，并对绿色基础设施分别作为规划理论和技术统筹时的实践应用进行了归纳和分析。结合中国国情，从强化绿色基础设施与城市可持续发展间的关系，以及强化绿色基础设施规划方法的合理性两方面对我国绿色基础设施系统的建设进行了探讨。

目 录
Contents

第1章

绪言

1.1 土地与保护

1.1.1 土地的自然服务功能被忽视

自中国改革开放以来，伴随着每年近10%的经济增长速度，城市化进程也随之日益加快。其中，城市空间扩张作为城市化最初级的表现之一，在带来城市文化和文明扩张以及社会产业结构转变的同时，也导致了不明智的土地扩张和土地利用。在这样的快速城市建设推进过程中，人们往往容易忽视自然做工的能力，选择通过技术力量去创造多个人工系统来满足城市的多种功能需求，从而极大地降低了土地资源的自然服务能力（nature's service）[①]。在土地自然服务功能被不断忽略的过程中，城市建设的推进也使得大地肌体所特有的自然结构属性和生态功能属性遭受严重破坏和损伤。随之而来的是，大地景观开始呈现出破碎化，自然水系统因为建设切割无法保持完整，大量动植物迁徙廊道以及生物栖息地逐步减少，甚至开始消失等现象。

1.1.2 城市面临生态安全的危机

在我国社会发展的短期经济利益诉求的强大驱动力之下，由于自然区域本身相对较低的经济效益，绿地等自然空间通常成为政府和开发商们争夺市场利益的突破口，对其的保护工作在城市经济建设的需求下不断退让。如此一来，在土地的自然服务功能被严重忽视的意识下，城市自然空间被城市建设空间侵占的现象频繁出现，进一步恶化的城市生态环境导致环境问题在我国开始集中爆发，大面积自然区域被侵占，区域生态系统的价值也开始逐步降低，因此，城市对自然灾害的抵御能力和免疫力也随之下降。

1.1.3 现行规划途径亟待完善

当前，面对自然环境这个世界性的共同课题，地理学、生态学甚至社会学等方面的学者纷纷从不同角度对生态保护进行了大量研究。但在这当中，为缓解我国的城市生态危机，同时也是在中国政府推行生态（绿色）经济，推动生态城市

[①] 土地生命系统为人类的社会经济系统提供包括食物生产、空气和水、旱涝调节、审美启智等生态服务，或称自然服务（Daily，1997）。

建设的政策引导下，多种形式的生态城市实践探索开始出现。多个地区都开始了对新型生态规划模式的积极探讨或尝试，以期提升城市的整体生态安全性能。但目前看来，在我国现行的城市规划途径中，一些问题却始终存在。其中，在城市的自然生态方面主要表现在以下几个方面。

1. 过分强调可见性与美观性，忽视生态功能性

在城市建设当中，城市绿化的可见性、美观性得到了政府的过分强调和重视。但虽然市民可见的总体城市绿化数量上去了，但绿地所应具有的生态功能及其生态功能的实际效益被严重忽视，大量粗制滥造、不切实际的绿色形象工程的出现并不能有效改善生态效益的发挥。相反，这类形象功能却极易降低城市绿地空间内在的微生态系统的效率，使生态功能的合理发挥遇到困境。同时，因为缺乏对城市绿地系统的整体考虑，局部城市绿化与城市整体绿地系统间衔接失调等现象也同样愈演愈烈。

2. 与城市公共空间系统脱离

现阶段，我国针对自然绿化的大部分工作往往以独立修复和保护为重点，地区发展条件、区域优势、城市空间形态构成等虽然都与自然要素间有着密不可分的关联，但这之间的关联性却极易在考虑过程中被忽略。从而导致在实际规划项目中，往往只独立强调城市绿地系统、甚至仅仅只是绿地，而与其他城市功能，如步行系统、公共空间系统、公共服务设施系统等相脱离，整体上降低了土地自然服务功能的发挥。

3. 重绿化指标、不重生态效率

在现行的城市规划编制办法中，城市绿地系统规划提出了对城市绿地、道路绿化、水体绿化以及重要的生态景观区域的考虑，这当中划定的法定"绿线"和"绿化指标"虽然为城市绿化管理带来了极大的便利，但是在这当中也仍存在一定的缺陷。

首先，作为一个整体，大地肌体具有维持自然生态功能所需布局的系统性和网络性，然而在现行的规划实践中，虽然绿化从数量上达到了总体要求，但破碎化、片段化的绿地却极大地降低了绿地的生态效率；其次，容易因为忽视了绿地等绿色开敞空间与城市建成区所形成的整体的"大地景观"特性，而使整体绿地系统布局变得呆板、乏味；最后，即使在总体数量和布局方面都得到了较好的满足，但是在布局考虑时一味从城市整体平面形态出发，忽视对该区域原始生态脉络的重视和尊重，降低甚至破坏了原始生境的自然服务功能。

1.1.4 绿色基础设施（Green Infrastructure）是需要重视的规划手段

吴良镛先生曾在2002年指出规划的核心意图不仅在于规划的建造部分，更重

要的是在于对留空非建设用地的保护。在城市中，它的规模和土地功能是可以跟随城市发展而不断改变的，但景观中的核心要素，如水系、绿地、农田、湿地、沼泽等，作为绿色基础设施骨架的重要组成要素，应该是绿色的、生态的，并且恒定不变的。与城市中的其他相关市政基础设施一样，因为承担着提升人类及其生存环境质量的重要作用，绿色基础设施是城市重要的自然支撑系统。

面对当下快速的城市扩张，优先保障城市核心骨架绿色基础设施的生态性、合理性和稳定性是最终实现城市生态发展的有力措施。通过在有限的土地上建立完整的绿色基础设施战略框架，不仅可利用其整体性和网络性来保障自然和生物过程、历史与文化过程的完整性和连续性，同时还可以为城市扩张留出足够空间，并且在恢复和增强土地系统的生态服务功能的同时增强城市对自然灾害的抵御能力。

1.2 何谓绿色基础设施

近年来，随着对环境及资源保护的重视，人们开始重新思考土地的永续利用，城市的可持续开发不再仅仅是纸上谈兵，绿色基础设施一词也开始越发频繁地出现在有关土地保护以及土地发展的相关讨论中。但目前，作为一个新术语，国内外学术界对于绿色基础设施尚无统一定义，该词在不同的应用环境中代表着多种不同的含义。

本书选择在美国被广泛接纳的由美国保护基金会的学者麦克·A·本尼迪克特（Mark A. Benedict）和爱德华·T·麦克马洪（Edward T. McMahon）提出的概念来定义绿色基础设施，并分别从名词和形容词角度来阐述。当绿色基础设施作为一个名词时，指的是"一个由自然区域和其他开放空间相互连接组成的绿色空间网络，包括自然区域，公共和私有的保护土地，具有保护价值的生产性土地，以及其他受保护的开放空间。该网络能够保护自然资源的价值和功能，维持人类和动植物的生存，并因此而受到规划和管制"[1]。当此概念用作形容词时，主要描述了"一个系统化、战略性的土地保护方法，该方法立足于国家、州、地区及地方等规模层次，提供了一种可以平衡多方利益需求的机制。在土地保护优先的基础上，该种机制可以为未来的土地开发、城市增长以及土地保护决策提供系统性的框架，着重于对那些有利于自然和人类的土地利用规划及实践项目进行鼓励引导"[1]。

绿色基础设施概念的核心指出土地的具体使用应取决于自然环境要素，在这一过程中重点强调并突出自然环境对城市的生命支撑功能，强调将社区发展与自然相融合，构建具有生态功能的系统性网络。

另外，加拿大等国提出的绿色基础设施概念与美国有所不同，相对而言，加拿大的绿色基础设施具有更为明显的工程特性，被用来表示工程性市政基础设施的生态化，也就是说它在土地使用上可能并非一定是严格的"绿色"，如道路系统，若引导其变得更加"绿色"，更加生态，将有助于建设绿色基础设施网络。[2]

1.3 探究城市绿色基础设施的意义

1.3.1 弥补我国绿色基础设施理论研究之不足

作为一个舶来词，绿色基础设施的相关概念自1990年代初在美国诞生以来，国内的学术界，特别是规划学界对其还没有统一认识和正式定义。在我国的大多规划实践中，绿色基础设施被简单地归结为了城市绿地系统，这一具体表现形式导致绿色基础设施所具有的部分特征和内涵被人们所忽视，并未将绿色基础设施视为城市发展和未来土地开发过程中的保护性和引导性的框架，最终形成的城市绿地系统并不能充分地履行绿色基础设施应有的生态和社会职能。

经过数百年工业化及城市化的发展，西方国家对于人地关系发展态势的研究在不断的思考和探索中逐步走向深入和完善。但就绿色基础设施而言，西方国家对于其相关概念理论及方法的研究虽然已经拥有了相对成熟的思想理论及方法，但这一概念却仍然在频繁地与其他思想或理论发生着交叉，与之相关联的新理念、新思想也在思想的碰撞中不断涌现。同时，相对西方国家而言，我国面临着更加严峻的人地关系危机，截然不同的人情、地情以及人们的主观意识也使我们无法照搬其已经相对完善的理论。

因此，在学习西方国家绿色基础设施相关思想和理论的基础上，本书力争重新审视我国绿地系统规划的相关内容，建立更有针对性的绿色基础设施理论框架，为完善我国的绿色基础设施理论研究作出贡献。

1.3.2 应对当前我国城市发展面临的生态危机

在过去的百年里，多种环境问题相继在西方国家出现，然而伴随着我国快速的城市发展，这些问题在我国集中爆发，生态环境问题成为我们不得不面对的难题。在应对这一系列环境危机的过程中，绿色基础设施作为一种保护性框架，可以更加系统性和战略性地增强保护的主动性，同时它也是一种机制，能够在城市和区域的发展规划中提供一种以绿色结构改善城市生态环境问题的途径。该措施的目的并非孤立地服从自然，而是通过缓解生态危机，让自然更好地融入社会，在一种弹性保护的方式下让自然系统成为城市的生命支撑系统，更好地为人类服务。

相对于通常的规划策略来说，绿色基础设施先行除了强调由自然系统本身所创造的生态价值外，更加重视的是随之衍生的社会价值和经济价值。依托该过程中对生态、经济、社会三大综合效益的促进，不仅能更好地满足生态保护的目的，有效地改善生态环境，更能创建更为高效的土地利用方式，维护城市的可持续发展。

1.3.3 探究我国绿色基础设施建设的规划途径

在我国，绿色基础设施并非一个新的概念，国内的沈清基等学者从2005年起就在我国基本国情的基础上针对该概念进行了内容、方法、意义等的扩充，但此前的相关研究大都立足于景观学的角度，更多的是从实现生态安全的技术层面进行了相关论述。目前为止，我国从规划视角出发，对绿色基础设施在城市土地资源控制、土地开发及决策等方面的相关研究还并不充分，也并未形成一套适用于我国绿色基础设施规划建设的完整方法，相关的研究至今还主要停留在理念和概念探索阶段。

本书力图在国内外相关方法研究的基础上，弥补我国绿地系统规划存在的部分缺陷和不足，探索实现我国绿色基础设施建设的规划方法，从而更具体、更有效地指导城市多尺度层面上的绿色基础设施规划建设，让"绿色框架"真正地成为我国未来城市发展的"生命支撑系统"。

1.3.4 为我国绿色基础设施建设提供有价值的参考

面临严峻的人地矛盾，绿色基础设施的价值理念以及规划方法已经逐渐为人们所接受。但是如何更好地融入中国的城乡规划、城市管理以及土地利用规划等工作中去仍是亟待探索和研究的问题。作为应对城市土地资源利用、生态环境修复以及城市扩张控制的重要手段之一，绿色基础设施在我国的实践运用中却时常受到限制，例如社会发展中短期的经济利益需求等，都是绿色基础设施建设顺利推进的阻碍因素。

本书旨在通过总结和借鉴西方国家在绿色基础设施实践方面经验的基础上，为实现我国的城乡规划及管理工作从"工程至上"到"绿色至上"的转变提供有价值的参考。通过结合新疆五一新镇绿色基础设施专项研究，根据规划设计中的具体过程探讨规划实践中的需求和难点，对现行规划途径中的不足进行弥补及改善，缓解建设中的主要矛盾，并梳理出适合中国绿色基础设施建设的合理途径，为推动我国绿色基础设施建设提供借鉴。

第2章

绿色基础设施：
21世纪的精明保护

2.1 绿色基础设施的缘起

2.1.1 城市的无序增长与蔓延

作为城市郊区化的表现形式之一，城市蔓延（Urban Spraw）起源于20世纪末的美国，在西方国家中较为普遍。第二次世界大战以后，随着美国高速的城市化进程，居住郊区化现象开始大量出现，1970年代以后的工业园郊区化更是加速了美国城市的急剧蔓延。这50年间，美国的城市土地面积增长了4倍。其中，以林地、农田、草场和牧场为主的自然区域成了城市新开发土地的重要来源（图2-1①）。随着城市发展步伐的加快，广泛的自然区域被肆意开发，大量的土地改变了其原有的属性。因此，不断积累的土地消费以及由它所引发的生态和社会影响，成了美国面临的最急迫和重要的土地利用问题。

安东尼·当斯是美国的一名经济学家和城市学家，他将这种景象归结为城市蔓延，指代"一种用相对少的人口数量及密度朝着城市外围未开发地区蔓延的现象"[3]。城市蔓延具有以下八大显著特征："低密度土地开发、扩展形态呈现分散型或斑块状、土地利用功能单一、商业开发呈带状分布（Strip Retail Development）、空间分离导致就业岗位分散、土地开发依赖小汽车交通、边缘区的发展建立在牺牲城市中心上、开敞空间和农业用地消失"[4]。

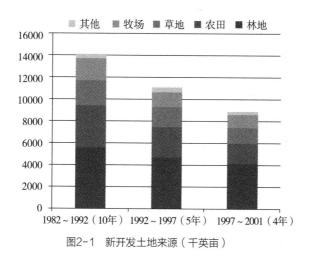

图2-1　新开发土地来源（千英亩）

---

① 图标内数据来源：2001年度美国自然资源清单：郊区土地化与发展（2003年7月）。

2.1.2 城市蔓延引发了严重的生态危机

在此轮的快速城市开发过程中，土地属性的转变已经严重威胁动植物群落的生态功能和生态过程。首先是导致动植物栖息地的多样性大幅下降，不仅减少了物种数量，同时还影响并削弱了此类动植物在承载沉积物、控制洪水等方面的自然功能；其次，城市开发将土地分割为更小、更孤立的斑块，造成大面积土地破碎，不仅从数量上大幅减少了能够满足动植物生存所需最小面积的栖息地数量，更增大了野生动植物栖息地间的距离，降低了动物在栖息地间迁徙的能力，阻碍了种群交流，也就更进一步减少了物种的多样性。[1]

2.1.3 绿色基础设施的思想来源

1. 美国的自然规划与保护运动

虽然绿色基础设施概念的正式提出是在20世纪90年代中期，但其核心思想却是来源于一百多年前美国的自然规划与保护运动。在这场关注人与自然关系的运动中，以F·L·奥姆斯特德提出为维护居民多种利益而将公园和其他开敞空间连接的思想，以及生物学家号召的有关建立为减少生境破碎化、保护生物多样性和动植物栖息地的生态化网络思想为主要内容。

2. L·V·贝塔朗菲的系统论

20世纪60年代，《一般系统理论基础、发展和应用》一书出版，理论生物学家L·V·贝塔朗菲（L.Von Bertalanffy）在该专著中正式提出了系统论，人们开始反思在工业时期为解决城市结构和环境问题所采取措施的正确性，并开始意识到必须依靠一个完善的绿色的系统，而不仅仅是在城市内部建设公园和开放空间，或在城市外围对乡村地区的自然资源进行管理[5]。

3. 精明增长和精明保护

随后的1990年代，北美学者针对城市生态失衡问题提出了两大概念："精明增长"和"增长管理"，试图通过管制土地开发活动来获取空间增长综合效益[6]。随后，从自然保护运动发展而来的"精明保护"思想也开始逐渐受到关注，其主张通过优先划定需要保护的非建设用地来控制城市扩张和保护土地资源。在这两大概念的基础上，绿色基础设施概念随之出现，并恰当地回应了这两大概念的双重需求。

2.1.4 相关理论基础

在构建绿色基础设施的理论过程中，以下两大景观生态学相关理论为其提供了理论基础。首先是岛屿生物地理理论（Island Biogeographic Theory），该理论指出当近距离连接的斑块大面积出现时将会更加有利于保护生物多样性；其次是异质种群动态理论（Metapopulation Dynamics Theory），表明在水平方向上利用物种交流廊道搭建而成的斑块网络将更有利于物种保护。

2.2　绿色基础设施概念的提出与发展

2.2.1　绿色基础设施概念的正式提出

1990年的马里兰州绿道运动中，绿色基础设施被当成国家可持续发展战略之一首次出现。随后，1999年5月，美国可持续发展委员会（PCSD）发布了题为《创建21世纪可持续发展的美国》[①]的工作报告，绿色基础设施概念首次被提出，报告中强调将绿色基础设施作为保障城市可持续发展的重要战略之一，能够为土地和水资源等自然生态要素的保护提供一种系统性强且整体的战略方法，利用该战略能够更高效、更可持续地指导未来土地开发和经济发展[7]。此后，绿色基础设施概念开始在美国、英国、加拿大等国流传开来。

同年8月，美国保护基金协会联合美国农业部森林服务协会，成立了"绿色基础设施工作组"，提倡在州、地区和地方的未来发展计划和政策中引入生态系统恢复的相关目标，以有效保护当地的自然生态系统，并使之成为实现城市未来可持续发展的重要战略之一。随后，绿色基础设施的首个概念也由工作组正式给出："绿色基础设施作为国家的自然生命支持系统，指彼此间相互联系的绿色空间网络，由多种用于维持物种多样性、保护自然生态过程的自然区域和为提高社区及人民生活质量的开敞空间组成，具体包括水域、森林、湿地、野生动物栖息地等自然区域，绿道、公园、农场、牧场等荒野和开敞空间。"[8]。由此可见，绿色基础设施涵盖了多种生态和风景要素，既有天然要素，也包括恢复及再造的要素。

2.2.2　国外绿色基础设施理论的发展

自1991年绿色基础设施的概念由美国的绿色基础设施工作组正式提出以来，

---

① President's Council on Sustainable Development（PCSD）.The President's Council on Sustainable Development，Towards a Sustainable America-Advancing Prosperity, Opportunity, and a Healthy Environment for the 21st Century[EB/OL]. USA: Government Printing Office, 1999. http：//clinton2. Nara. gov/PCSD/ Publications/tsa. pdf.

各国学者纷纷对这一概念进行了深入的研究和扩展，绿色基础设施的相关内容逐渐明朗化（表2-1）。

美国绿色基础设施发展历程①

表2-1

阶段	时间 （年代）	里程碑	核心理念
新生期	1880~1900	Henry David Thorea强调对自然资源的保护； Frederick Law Olmsted提出构建公园系统	尊重土地核心要素的功能
寻求创新期	1900~1920	规划了首个重点考虑休闲游玩车辆通行便捷的布朗士公园廊道（The Bronx Parkway）； Warren H.Manning使用叠加方法辨识场地相关要素； Theodore Roosevelt总统对自然区域的关注	探索大范围自然空间的处理方式
自然设计期	1930~1950	Victor Shelford提出对自然地带及其缓冲范围的重视； 在绿色通道的规划中提出对周边区域土地未来开发的考虑； Benton Mackaye提出区域规划的原则，规划设计并促进了Appalachian山脉游憩开放通道的形成； Aldo Leopold提出对生态学相关基本原则的重视	设计结合自然； 土地利用规则
生态强调期	1950~1970	Ian L.McHarg强调生态是规划及设计的根本； Philips H.Lewis从生态要素的角度建立了景观分析的处理方式； William H.Whyte正式定义绿道； 岛屿生物地理学提出并引导生物与景观间联系的形成； Rachel Louise Carson的《寂静的春天》问世，引发世人对自然作用力的重视	景观分析； 强调规划程序中的科学性和生态性； 重点维护自然范围
核心观念提升期	1970~1990	联合国教科文组织提出MAB计划，指出对缓冲区域维护的重要性； 在生态学的基础上创建具有生物多样性特征的生物保护学科； Richard T.T.Forman提出并建立了景观生态学学科； 提出从区域层面进行系统性的维护和规划设计； 地理信息系统技术开始运用到区域规划中； 提出人口数量及规模的提升应当同自然环境承载能力相协调	土地规划进程中应充分思考自然与生态的需求；意识到生态循环进程的维系需要强调自然地带的联系

① 本尼迪克特等著. 绿色基础设施——连接景观与社区[M]. 黄丽玲，等，译. 北京：中国建筑工业出版社，2010.

续表

阶段	时间（年代）	里程碑	核心理念
整体格局强调期	1990年代至今	马里兰州绿图计划的建设推进； 荒野地工程启动，同年建立北美荒野地网络系统 绿色基础设施被作为国家的生命支撑系统提出； 绿色基础设施成为引导城市可持续发展和土地有序开发的重要措施	重视整体自然格局的建立；划定并串联优先保护区域

此后，绿色基础设施被当作合理保护土地及引导城市未来可持续发展的重要措施，在美国掀起了建设热潮。多个专门研究绿色基础设施的工作小组相继成立，将绿色基础设施纳入区域和城市规划的重点考虑范畴，并被多个市州所采纳，如2005年马里兰的绿色基础设施评价体系[9]、纽约的PlanNYC项目[10]等。

随后，绿色基础设施的概念传入西欧，用于解决其在城市化过程中出现的气候变化、生态环境恶化、旧城改造等问题。[11]

2001年5月，加拿大学者赛伯斯蒂·莫菲特（Sebastian Moffatt）发表了《加拿大城市绿色基础设施导则》（A Guide to Green Infrastructure for Canadian Municipalities）①，该导则描述了绿色基础设施的关键性概念和核心特征（表2-2），详细分析了绿色基础设施的相关生态学内涵，同时还将实践和政策包括其中，提出了绿色基础设施实施的关键，希望能为工程师和城市规划师的实际操作提供一定的帮助。[2]在导则中就将绿色基础设施所需要的系统进行了详细介绍，包括："暴雨排水系统、水污染系统、饮用水系统、能源系统、固体废弃物系统以及运输与通信系统"[2]；同时还提出了绿色基础设施实施阶段涉及的例如费用估算、多方参与、风险评估及管理等关键因素。[2]

绿色基础设施的核心特征② 表2-2

绿色基础设施的核心特征	核心特征描述与说明
分布式	• 利用小规模、分散式布置方式提高生态效率； • 例如分布式的绿色能源系统
一体化	• 整合GI与土地使用、人居环境的物质性要素如建筑的各个组成部分，以及其他的资源流； • 对多项物质性元素建筑、道路等的设计提出要求

① 发于2001年，受到加拿大城市联合会等机构的资助，见http://www.sheltair.com。
② 沈清基.《加拿大城市绿色基础设施导则》评介及讨论［J］. 城市规划学刊，2005（5）：98-103.

续表

绿色基础设施的核心特征	核心特征描述与说明
以服务为导向	• 提供服务是GI的重要功能之一； • 提供服务的手段与途径可以多样化
低负面影响、可再生	• GI在物质条件选择上优先利用可再生资源与能源； • 学习自然生态系统的生物性特征进行自身的运转； • 与自然环境友好
多用途	• 通过赋予GI及其构件多种用途和多种生态效益，提高生态效益； • 降低GI成本投入
能改变	• GI具有较长生命周期； • GI系统是否能根据环境的变化而变化，决定了其在环境中生存实践的长短

  2004年，由美国学者麦克·A·本尼迪克特（Mark A. Benedict.）、威尔·艾伦（Will Allen）和爱德华·T·麦克马洪（Edward T. McMahon）共同著写了《弗吉尼州推进战略性保护》（Advancing Strategic Conservation in the Commonwealth of Virginia），分别从名词和形容词的角度阐述了绿色基础设施，这也是本文主要依托的概念定义，并且将绿色基础设施强调为是一项重要的环境维护策略。

  2004年2月，《可持续社区绿色基础设施》①由英国的简·赫顿联合会（Jane Heaton Associates）发布，文章同样将绿色基础设施定义为一个具有多重功能，同时能够对建设可持续社区的自然环境起到一定贡献的绿色空间网络。从可持续社区建设的角度出发，定义"城市及乡村的公共、私人资产，用于整合社区和维持社区可持续发展平衡的社会、经济与环境等"[12]为绿色基础设施的内容。该篇文章认为此前传统的绿色基础设施规划大多将重点放在了环境修复和保存上，更多的是代表了下一代的保护运动；因此，提倡绿色基础设施也应给予社会发展以及发展与自然资源间的关系更多的考虑和关注，应从策略的角度出发，更积极地探寻土地使用与土地保护的结合；同时，文章中还给出了部分土地保护和使用结构，供公众和非营利机构等参考。[12]

  2006年，英国西北绿色基础设施小组（The North West Green Infrastructure Think Tank）在其发布的《西北绿色基础设施导则》②中明确提出：绿色基础

① Jane Heaton Associates. Green Infrastructure for Sustainable Communities[M]. Nottingham UK：Environment Agency，2005.

② The North West Green Infrastructure Think Tank. Northwest Green Infrastructure Guide[EB/OL]. UK：The Community Forests Northwest and the Countryside Agency，2006. http：//www.greeninfrastructurenw.co.uk/resources/GIguide.pdf

设施是由自然环境和绿色空间组成的系统，具有类型学（typology）、功能性（functionality）、脉络（context）、尺度（scale）、连通性（connectivity）五大特征。同时，该小组还提出了绿色基础设施规划的工作步骤："①对数据和政策结构的调查；②分析现有资源，并进行功能性评估；③利用评估时现状绿色基础设施与功能符合；④确定绿色基础设施系统内需要的相关变化形式并形成计划，同时评估变化的功能和需求。"[13]

相对美国而言，西欧的绿色基础设施建设对于维持动植物栖息地间的联系、保持生物多样性[14, 15]、提高城市内外绿色空间质量[16, 17]等予以了更多关注，同时还强调绿色基础设施在降低城市犯罪[18]、提升公众健康[19]、维护城市景观[20]等方面的作用，并且还开展了一系列规划实践活动。如2005年英国伦敦东部区域的绿色网络系统规划[21]、2007年英国东北部堤斯瓦利地区的绿色基础设施战略规划[22]等。

2.2.3 国内绿色基础设施理论的发展

在我国，绿色基础设施概念并非一个新概念。国内学者张秋明于2004年首次发表《绿色基础设施》一文，提出需将绿色基础设施视为应在前期投入并进行宏观统筹的重要公共投资之一。2005年，沈清基辨析了绿色基础设施具有的"分布式、一体化、以服务为导向、可再生与低负面影响、多用途和能改变"六大核心特征，并从生态学角度对其经济性、多样性、共生性、可生长性和生物性五大方面的内涵进行了详细阐述。随后，李博在学习美国利用绿色基础设施对城市扩张进行管理的基础上，将相关理论引入我国自然资源保护和城市蔓延的控制中。付喜娥等人通过对美国马里兰州的学习，提出了我国建立绿色基础设施评价体系（GIA）的建议。2010年，黄丽玲等将美国学者本尼迪克特和麦克马洪所著《绿色基础设施：连接景观与社区》（Green Infrastructure：Linking Landscapes and Communities）一书翻译出版，该书完整地阐述了绿色基础设施这一战略性的保护方法，并从美国的大量案例中详细介绍了相关的设计方法和规划的实际应用。

尽管目前对绿色基础设施研究工作的重视程度在不断增加，但从中国知网的文献检索数量①（图2-2）可看出，从2010年起，关于绿色基础设施的研究文献数量虽然开始有了较大幅度的提升，但总体数量仍较低。总结现有研究成果可发现，虽然不断有学者加入到绿色基础设施的领域研究中来，但目前我国的大多数研究工作还停留在对西方国家绿色基础设施理论研究的回顾、总结方面，以及

---

① 利用中国知网，限定"绿色基础设施"为关键词对全部文献进行检索。

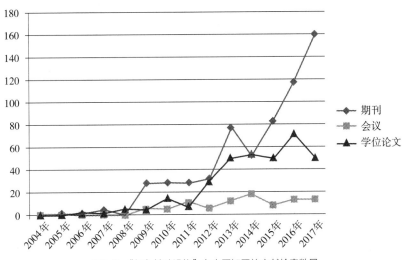

图2-2 "绿色基础设施"在中国知网的文献检索数量

对西方实践项目的解读上，针对我国具体国情的专题研究数量还并不多见（仇
保兴，2010；付彦荣，2012；等等）。同时，国内主动将绿色基础设施在实际规
划中进行具体应用的项目数量也屈指可数（白伟岚，等，2008；苏同向，等，
2010；杨锐，等，2014；等等）（表2-3）。

国内有关绿色基础设施研究的部分文献[①]   表2-3

作者	题目	类型	时间
张秋明	绿色基础设施	期刊	2004年
沈清基	《加拿大城市绿色基础设施导则》评介及讨论	期刊	2005年
白伟岚、蒋依依、白羽	地市级风景名胜区体系规划在健全城市绿色基础设施中的作用——以漳州市为例	期刊	2008年
李博	绿色基础设施与城市蔓延控制	期刊	2009年
付喜娥、吴人韦	绿色基础设施评价（GIA）方法介述——以美国马里兰州为例	期刊	2009年
吴伟、付喜娥	绿色基础设施概念及其研究进展综述	期刊	2009年
张晋石	绿色基础设施——城市空间与环境问题的系统化解决途径	期刊	2009年
汪自书、吕春英、林瑾	基于绿色基础设施（GI）的生态安全格局构建方法与实例	会议	2009年

① 利用中国知网，限定"绿色基础设施"为关键词对全部文献进行检索。

续表

作者	题目	类型	时间
周艳妮、尹海伟、孔繁花	国外绿色基础设施规划的框架体系初探	会议	2009年
（美）本尼迪克特、麦克马洪著、黄丽玲等译	绿色基础设施：连接景观与社区	图书	2010年
仇保兴	建设绿色基础设施，迈向生态文明时代——走有中国特色的健康城镇化之路	期刊	2010年
周艳妮、尹海伟	国外绿色基础设施规划的理论与实践	期刊	2010年
傅凡、赵彩君	分布式绿色空间系统：可实施性的绿色基础设施	期刊	2010年
周秦	基于比较分析的美国GI规划研究及经验借鉴	会议	2010年
唐勇、王钰溶、魏宗财	基于绿色基础设施构建的低碳规划探讨——以北京CBD东扩区为例	会议	2010年
应君、张青萍、王末顺	城市绿色基础设施及其体系构建	期刊	2011年
杨静、潘国锋	建设城市绿色基础设施，打造"绿色宜居城市"	会议	2011年
吴晓敏	国外绿色基础设施理论及其应用案例	会议	2011年
蔡丽敏、殷柏慧	区域层面绿色基础设施规划探讨	会议	2011年
刘娟娟、李保峰、南茜·若	构建城市的生命支撑系统——西雅图城市绿色基础设施案例研究	期刊	2012年
裴丹	绿色基础设施构建方法研究述评	期刊	2012年
裴丹	生态保护网络化途径与保护优先级评价——"绿色基础设施"精明保护策略	期刊	2012年
翟俊	协同共生：从市政的灰色基础设施、生态的绿色基础设施到一体化的景观基础设施	期刊	2012年
付彦荣	中国的绿色基础设施——研究和实践	会议	2012年
邹锦、颜文涛、曹静娜、叶林	绿色基础设施实施的规划学途径——基于与传统规划技术体系融合的方法	期刊	2014年
牛帅	绿色基础设施在城乡规划体系中的规划策略研究	会议	2017年
张学文、陈天	绿色基础设施下既有城区空间优化策略研究	会议	2017年

2.3 绿色基础设施的内涵与空间构成

2.3.1 绿色基础设施的内涵

绿色基础设施作为一种理论方法，一方面是一种规划理论，能发挥其作为可持续战略框架的指导意义，为不同尺度的城市规划提供绿色基础设施建设的理论基础；另一方面也是一种工程技术的理论统筹方法，为实际工程的建设过程提供技术统筹。[23]

1. 绿色基础设施作为规划理论

在第1章中，本文对绿色基础设施的概念进行了界定，究其本质，包含为了满足人和其他生物的需求而产生的两大基本举措。其中，"将公园和其他绿色空间进行衔接和维护"[1]，是对奥姆斯特德时代系统化公园观念的延续，"将自然区域进行衔接和维护"[1]也是对景观生态学研究成果的延续。作为保障未来城市生态可持续发展的重要规划理论，绿色基础设施通过整合各类自然空间而形成的网络化结构，成为未来区域集约发展的重要战略框架。

2. 绿色基础设施作为技术统筹方法

从另一个角度来讲，绿色基础设施也是一种工程技术的理论统筹方法。绿色基础设施的关注核心立足于城市，引用了城市生态化的相关研究成果，例如"低影响城市交通、城市溪流恢复、雨洪管理"[24]等，并将这些生态化的前沿理念纳入绿色基础设施的理论范畴之内，指导具体的工程技术实践运用，如湿地的保护和修复、雨水花园、绿色屋顶、渗透性铺装等。同时，这一特征也成为绿色基础设施与其他基础设施的最大区别之处。

2.3.2 绿色基础设施的具体内容

结合绿色基础设施的上述特征，可将其具体内容归结为开放空间、低影响交通、水、生物栖息地和新陈代谢五大类，五大系统不仅在内部紧密结合，并且还与城市外围的绿道等相连接，从而将绿色开放空间串联成一个整体[25]（表2-4）。

绿色基础设施结构：五大网络系统① 表2-4

类别	开敞区域	低影响交通	水系	动植物栖息地	能源
内容	公园、广场、游乐场、人行道、露天剧院、公共艺术设施等	自行车专用道、自行车林荫大道、人行道、行人优先的环境	城市溪流、蓄水池、生物滞留洼地、雨水花园、雨水种植池	河道走廊、城市森林、海岸线、绿植屋面和绿墙等	太阳能、风能、地热、生物能、潮汐能等；食物系统
功能	娱乐、庆典、聚会、心理恢复、归属感培育	鼓励运动，促进身体健康，同时减少化石能源消耗	关注水文脉络走向、生物流动、强调物种类别的多样性、创建健康的自然系统及动植物生存栖息场所	强调动植物类别的多样性	供给可再生的能源，增加城市可持续循环的可能性
问题	缺少多功能的整合，缺乏彼此连接	对小汽车过度依赖的交通方式将社区和生态环境割裂，污染环境的同时增加了资源消耗	城市水系遭到破坏和污染；动植物生存场所被侵蚀；管道等基础设施高昂的维护费用	生物栖息地被破坏、生物多样性丧失	城市可再生能源的使用和对食物促进的潜力发挥不充分
解决办法	增加新的功能，建立连接	将非机动车和步行纳入通勤行为的考虑范围；从人的行为出发，考虑配套服务设施的舒适性，并利用通道进行衔接	尊重并重建自然水文系统，包括：利用浅草沟、滞留池等蓄存雨水，增加土壤含水量以及初步过滤雨水，降低水体中的污染成分；雨水的重复利用	创造多样的栖息地，彼此联系形成网络	寻找城市可替代能源；探索利用太阳能生产食物
相关研究	公园系统；开放空间网络	低影响基础设施	局部流域生态情况控制；城市雨洪管理	恢复小型河道和自然林地等	食品产业链条、新型可替代型能源
与城市形态结构的关系	串联现状开敞空间	采取对环境影响较小的出行方式；串接活动步道等和城市开放空间合理衔接、整合	合理布局城市水系统，重视局部流域对区域整体生态环境的重要作用，解决水系统的生态安全问题，合理调控城市水环境	合理运用当地植被、恢复动植物栖息场所，维持生态循环过程的可持续	合理扩展城市苗圃的建设区域，引导健康型都市农业的形成

① 刘娟娟，李保峰，南茜·若，宁云飞. 构建城市的生命支撑系统——西雅图城市绿色基础设施案例研究［J］. 中国园林，2012，28（3）.

2.3.3 绿色基础设施的空间构成

从空间结构上来讲，绿色基础设施的相关内容可分为"中心控制点"（Hubs）、"连接通道"（Links）和"场地"（Sites）三大类型，在空间上共同构成一个网络系统（图2-3）。

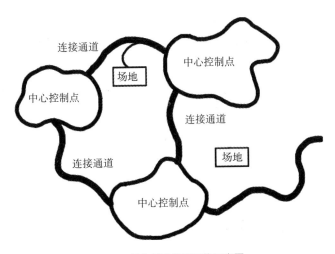

图2-3 绿色基础设施网络示意图

1. 中心控制点

中心控制点作为野生动植物的主要栖息地，为整个生态大系统提供起始点和路过点，承载各种自然过程的发生。中心控制点具有多种形状、尺度及规模，总的说来由以下五部分共同协调组成：①受保护的自然区域（Reserves）；②大面积国有性质的土地，例如国家自然公园；③私有的生产性土地（Working Lands），包括耕地、森林和牧场；④公园和开放空间区域（Parks and Open Space Areas）；⑤再生土地（Recycled Lands）：对过去因高强度开发而致使自然资源和环境资源遭受破坏的土地进行修复和再生的一类土地，如垃圾填埋场、矿区等[1]。

2. 连接通道

连接廊道是用于联系各类中心控制点的纽带，这些纽带通过对系统进行连接整合，以达到促进生态过程流动的目的。在绿色基础设施的整个网络系统中，连接是其核心，作为衔接系统的纽带，连接廊道在维持生物过程和保障物种多样性方面发挥了重要作用。按照连接通道的内容可分为自然系统的连接和支撑性社会功能的连接。

1）功能性自然系统的连接：衔接公园、自然遗留地、湿地、岸线等，通过形成自然网络结构维持生态平衡发展过程，强调整体生态效应。

（1）保护廊道（Conservation Corridors）：线性区域，是野生动物的生物通道，可能具有休闲娱乐功能，如绿道、河流或线型湖泊的缓冲区域；

（2）绿带（Greenbelts）：既包含为了维护本地生态系统的免受侵袭的自然土地，如农田保护区、牧场等，也指具有发展结构功能，可用于分隔相邻土地的生产性绿地，此类绿地可以用来缓冲周边土地的影响，达到保护自然景观的作用；

（3）景观联结体（Landscape Linkages）：连接野生动植物保护区、管理和生产土地、农地等，以及为本土动植物的成长和发展提供充足空间。[26]

2）支撑性社会功能的连接：除保护当地生态环境之外，这些联结体还可以承载文化和社会要素，实现衔接社会功能的个体和组织的功能，如为历史资源保护提供空间、在社区或区域提供休闲娱乐的空间，进一步完善城市的社会和经济等职能。

3. 场地

在绿色基础设施的网络中，场地范围小于中心控制点，并且有可能独立存在，不直接串联到区域的保护网络中，即便如此，它们仍然提供了重要的生态和社会价值，如野生动植物保护区域，自然的休闲娱乐空间等。[1]

最终，在该网络系统的基础之上，进一步形成"核心保护区""多用途区（缓冲区）"和"廊道"的整体区域保护网络系统（图2-4）。

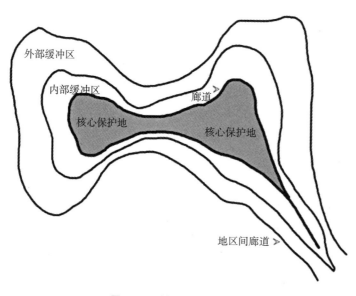

图2-4 区域保护网络系统

2.4 绿色基础设施与相关概念的比较

2.4.1 绿色基础设施与绿色空间（Green Space）

通常意义上来讲，绿色基础设施与绿色空间的规划和保护间有着密切的联系，然而两者的意义和应用却是相互分离的。

绿色空间这一概念只表征一种存在状态[27]，它既可以是一个网络，也可能只是一个拥有自我更新及自我维护能力且相对孤立的公园、活动场所或者自然区域等[28]，此含义意味着绿色空间并不需要表现出其维持生物多样性的功能需求，也并没有为了稳定和提高此类功能而进行整体保护和规划的需求。相比之下，绿色基础设施不仅表征了城市及其周边区域绿色空间的质量和数量，更多的是关注这些绿色空间彼此间的联系，并为人们提供社会、经济及生态等方面的价值。

此外，绿色基础设施作为"基础设施（infrastructure）"，其含义更有所侧重。在韦伯斯特词典中，基础设施这一概念被定义为"支撑结构（substructure）或隐含于内部（underlying）的根本性基础（foundation），国家或者社区能在此基础上持续生长。"就绿色基础设施而言，更加强调其在保护及恢复人类自然生态系统方面的支持工作，可将其视为城市基础设施系统的重要组成部分，与道路、市政工程、电力电信等其他相关基础设施一起，成为保障城市高效运转的支持系统的重要部分。因此，从这一点出发，可将绿色基础设施看作是由城市规划学者衍生于传统的绿色空间体系中，并将基础设施范围扩大化而得到的概念。

2.4.2 绿色基础设施与城市绿地系统（Urban Green Land System）

在我国，城市绿地是指"能够为城市居民提供休游玩闲，同时还能提升和美化城市整体形象的用地类型，主要是自然植被，依照不同的类别和用途被划分为公园、生产、防护、附属以及其他五种"①，具体分类如表2-5所示。

---

① 引自《城市绿地设计规范》GB 50420—2007中对城市绿地的定义。

绿地分类表① 表2-5

类别代码	类别名称	内容与范围
G1	公园绿地	向公众开放、以游憩为主要功能，兼具生态、美化、防灾等功能
G2	生产绿地	为城市绿化提供苗木、花草、种子的苗圃、花圃、草圃等圃地
G3	防护绿地	城市中具有卫生、隔离和安全防护功能的绿地
G4	附属绿地	城市建设用地中绿地之外各类用地中的附属绿化用地
G5	其他绿地	对城市生态环境质量、居民休闲生活、城市景观和生物多样性保护有直接影响的绿地

相比较而言，绿色基础设施更多的是关注和强调绿地自身的连接性和网络性，除城市绿地系统内所涵盖的城市用地以外，绿色基础设施的关注内容有所扩展，对于城市的低影响交通、与城市新陈代谢相关的能源等问题予以了更多关注。

2.4.3 绿色基础设施与生态基础设施（Ecological Infrastructure）

在探寻城市环境问题处理方式的过程中，许多新概念不断涌现，生态基础设施就是其中之一。1984年，联合国发布了"人与生物圈计划"（MAB），首次将"生态基础设施"作为生态城市规划的五大原则之一，并指出生态基础设施重点强调的是"自然风景及绿地所能对城市产生的持久支撑能力"[29]，这与后来提出的绿色基础设施所强调的绿地空间网络较为接近，但相对而言，绿色基础设施更加重视与城市发展间的关系。

2.4.4 绿色基础设施与基础设施生态化

基础设施生态学（Infrastructure Ecology）概念是由Hein van Bohenmen在2001年发表的《Infrastructure，Ecology and Art》一文中首次提出的，旨在"将生态学原理融入道路、市政设施等城市基础设施的建设中"[2]。这一概念也随后在Allenby、Graedel等人的研究中被相继提出。在Dijkema、Ehrenfeld、E.V.Verhoef和M.A.Ruter所著的《Infrastructure Ecology》一文中，基础设施生态学被认为能为复杂生态系统的生态调控提供借鉴，可以作为一种新的基础设施发展模式，有效改善自然和生态环境[30]。

2005年，国内学者沈清基在《基础设施生态化研究——以上海崇明东滩为

---

① 引自《城市绿地分类标准》CJJ/T 85—2017中关于绿地的分类。

例》一文中提出"基础设施生态化"概念，强调以生态学的视角重新认识基础设施的功能和作用，并从"共生性、网络性、可成长性、地方性、多样性、生物性、安全性、平衡性"八个方面对基础设施生态化的理念特征进行了解析。作为城市生态化研究的重要组成部分，基础设施生态化重点在于使提供生产、生活服务的各类基础设施向更为生态的方向发展和转换，使其更好地满足生态系统的发展需求[31]。

2.5 绿色基础设施的规划原则与规划方法

2.5.1 绿色基础设施的规划原则

前文关于绿色基础设施的概念处提及，绿色基础设施并非意味着让土地的保护与开发站在相互对立的角度上，相反，绿色基础设施强调的是通过策略性的空间框架的构建，提供给城市积极发展的机会，以利于土地的可持续和永续利用。西方国家的学者将绿色基础设施定位为战略性的保护框架，并提出了多项原则，可总结为以下六点[1]。

1. 原则一：以连接性为核心

一直以来，生态研究的学者就指出单独圈定生态属性较为敏感的自然保护区的边界，并采取孤立保护的措施是不可行的，相反，规划和发展生态廊道始终被视为是增加和维持生物多样性的重要措施。在这当中，绿地生态网络的建立实质上是通过增加和维持绿地斑块间的连接性，使绿色资源充分发挥"网"的作用，一方面既起到了联系生态"孤岛"、增加生态斑块间连接性的作用，另一方面也成为了抑制大城市无序蔓延的有效工具。[1]

作为绿色基础设施区别于其他土地保护方式的特征原则之一，连通性包含多方面的内容：自然系统的网络连接，即将自然资源、自然特性及过程间等进行功能性连接，以此保证野生动植物种群的多样性，并维持生态过程的稳定；将公园、湿地、线型自然要素等进行连接，构建系统化的网络形态，发挥整体效益；连接各项工程和不同机构，以及连接非政府组织和私人个体。

2. 原则二：分析大环境

景观生态学提出：当需要研究环境内的某个独立客体时，必须充分了解其周边区域的相关自然和生物要素，理解并遇见其自然系统的生态变化及景观变化。

因此，绿色基础设施作为一项战略性保护策略，同样需要建立一个能够考虑及整合大环境的景观学方法。只有在对大环境内生态系统进行分析的基础上，才能理解并预见发生在自然系统和景观系统中的变化。这包括两点：一是理解由于土地性质变化将会带来的资源影响；二是明确如何在景观尺度的基础上，连接大范围的自然区域和保护区域。[1]

3. 原则三：将绿色基础设施置于多学科理论与实践中

成功的绿色基础设施规划需要多领域的参与，景观生态学、保护生物学、地理学、城市和区域规划等为绿色基础设施的建设作出了贡献，建立在多个原则之上的绿色基础设施更容易实现自然、生态、社会和文化的融合与平衡。[1]

4. 原则四：利用绿色基础设施为土地保护与开发提供指导框架

正如前文所提到的，相互隔绝的独立自然保护区不仅不能很好地发挥其生态作用，反而会阻碍生态过程的延续。通过将"绿色孤岛"连接成网，可以在有计划地维护土地利用现状的基础上，为未来的土地利用和发展提供指导框架。利用绿色基础设施可以帮助确定土地保护的先后次序，为未来增长建立一个保护框架，同时决定未来开发的增长区域所在。[1]

5. 原则五：绿色基础设施的优先规划和保护

通过予以绿色基础设施优先考虑的权利，可以帮助决策者提前决定在何处进行绿色空间的保护和修复，提前确定使人和自然获益的机会。同时，作为一项至关重要的公众投资，应采取与建立其他市政基础设施同样的方法，赋予绿色基础设施全面的、可利用的经济特权，并且在规划中被预先建立。[1]

6. 原则六：多尺度统筹

尺度作为景观生态学研究中的一个基本概念，在绿色基础设施规划中也扮演着重要的角色。由于绿色基础设施规划往往不能够在一个既定的区域内完成，市场需要与周边区域甚至是更大的范围进行协调，同时也往往和地方的经济情况有关联，因此在使绿色基础设施面对不同的空间尺度时需要区别对待，从不同的规模、类型上进行思考，合理地解析景观尺度成为绿色基础设施规划中需要重视的原则之一。[1]作为一个系统性的框架，绿色基础设施涉及广泛的区域，既可以大到国土范围内的全部生态保护网络，也可以小到一个雨水花园。大体上可分为区域和地区层面、地区或城区层面以及社区邻里层级，具体内容如表2-6所示。

绿色基础设施的尺度划分[①]　　　　　　　　　　表2-6

尺度类型	包含类型	形态特征	作用	实例
社区邻里层级 （the project scale）	城市公园、社区花园、私人花园、小型独立的房地产开发项目等	散点状分布，重点在于场所品质和环境品质的增强	强调对整体GI系统的累积效应	明尼苏达州圣埃尔莫的圣克路易斯岛
地区或城区层级 （the community scale）	支撑性的公共大型公园和保护区，如郊野公园或森林公园、地方自然保护区、重要的河流走廊等	开放空间网络形成	提升GI系统的整体性	伊利诺伊斯北部地区的绿道计划（包含了六大县且靠近芝加哥大都市区）
区域和地区层级 （the landscape scale）	天然资源：海岸线、主要河流廊道、栖息地系统等；文化资源：国家公园、长距离步道、国家自行车网络等	大面域或范围的重要生态系统	GI系统的核心组成部分，重点支撑GI系统	佛罗里达绿道系统

2.5.2　绿色基础设施的规划方法

自绿色基础设施概念产生以来，已有一些国家和地区针对其规划方法进行了大量的研究，并进行了大量的实践工作。虽然目前还没有统一的规划方法，但国内学者裴丹曾通过比较其中比较有代表性的几个国家和地区的绿色基础设施规划项目，将绿色基础设施规划的具体步骤归纳成以下六个：①前期准备：划定规划区研究范围及研究尺度、落实项目资金和相关政策研究；②资料搜集：搜集现状绿色基础设施要素的数据；③分析评价：对搜集的数据进行筛选、整理、分析及评价；④确定绿色基础设施要素和格局：依据选取的绿色基础设施要素及其相关分析，划定绿色基础设施的格局，满足保护与发展的共同需求；⑤绿色基础设施综合：将规划设计的绿色基础设施格局与现状进行反馈调节，协调各方利益需求，最大限度地保障设计的合理性；⑥实施与管理：依照规划设计进行项目实施，并注重在实施及项目后期的维护和管理，强化绿色基础设施完成后的生态效益评估[32]。

此外，McDonald L.和Ecotec两位学者也在梳理美国、西欧的绿色基础设施规划案例的基础上，分别提出了四步骤和五步骤两大方法。

---

① 张晋石. 绿色基础设施——城市空间与环境问题的系统化解决途径［J］. 现代城市研究，2009（11）：81-86.

1. McDonald L.的四步骤法：目标设定、分析、综合、实施[33]

首先，目标设定阶段旨在融合包括专家、政府、利益相关者等的多方需求，合理确定规划的指导目标。此阶段强调从景观尺度上开展规划，着重分析区域生态系统对区域资源的影响。其次，分析阶段强调合理运用生态学理论、景观尺度方法以及土地利用规划的相关理论，重视生态过程之间以及其与人工环境间的关系。再次，作为绿色基础设施的关键部分，综合阶段的主要任务是通过对现状绿色基础设施进行分析，梳理发展中可能遇到的困境，找出其与理想模型间的不同之处，并用图纸的方式表达出来，构建需要保护地区的网络体系。最后的实施阶段，在建立的优先保护体系基础上，生成土地保护策略，指导管理体制和资金计划，保障规划实施。[33]

2. Ecotec的五步骤法：以目标为导向

第一步，识别规划项目中可能会涉及的利益方，明确设计的关键和核心，并制定政策评估框架；第二步，在对资料进行收集、整理、分析的基础上，明确现状绿色基础设施要素的相关特性，依托地理信息平台明确相关要素间的关系，并建立基础数据库，支撑后续的方案编制工作；第三步，综合土地利用、生态格局、历史景观等要素，剖析现状绿色基础设施的功能及潜在效益；第四步，评估绿色基础设施现状情况及其与当地发展间的关系；第五步，依托前三步搜集的资料及相关分析，制定最终的绿色基础设施规划方案。[34]

第3章

绿色基础设施的应用研究

3.1 国外绿色基础设施的实践应用

自2000年以来，发达国家规划并实施了多个绿色基础设施的项目，并进行了大量的理论和实践研究，绿色基础设施被作为一种规划理论及技术统筹理论不断被运用到实际应用中，用于指导未来城市可持续发展。同时，其相关理论和实践方法也在实践中不断地得到修正和强化。

下面将从绿色基础设施分别作为规划理论和技术统筹理论时，在实践中的应用进行研究。

3.1.1 绿色基础设施作为规划类型的应用

将绿色基础设施作为规划理论时，其主要被当作一项指导土地高效利用以及未来可持续发展的战略框架。但当针对不同尺度及区域时，如郊野区域和高度城市化区域，两者所面临的生态和发展问题均存在较大差异，针对各自的绿色基础设施规划的内容、研究重点都将有所不同。

1. 郊野绿色基础设施保护网络（rural conservation networks）：以马里兰绿图计划（Mawland's Green Print Program）为例

马里兰州是美国最早开展绿色基础设施规划的地区，作为典型案例之一，马里兰模式为郊野地区的绿色基础设施建设提供了较为成熟的规划方法。

2001年，美国马里兰州为了缓解由城市化引发的诸多生态环境恶化现象，推行了绿图计划以建立全州的绿色基础设施网络系统。该计划旨在准确识别全州绿色基础设施相关要素的基础上，通过相应的评价体系，最终形成"中心（Hubs）—连接（Links）"的绿色基础设施结构，即通过绿道等连接通道衔接区域内的所有生态网络中心，形成覆盖全州的绿色基础设施网络系统（图3-1）。在马里兰构建其绿色基础设施系统的过程中，为识别并评价现状的绿色基础设施要素，提出并形成了健全的"绿色基础设施评价体系（Green Infrastructure Assessment）"[26]，这一体系也为后续的绿色基础设施规划建设提供了极大的借鉴意义。

马里兰的GIA体系是建立在景观生态学和保护生物学的原则之上的，运用了地理信息系统（GIS）的相关技术，并与空间数据多层叠加法相结合。该评估体系主要是针对研究区域内的网络中心及连接通道，分别评析与其相关的生态参数以及预计未来发展过程中的风险因子。最后，通过对区域内的生态价值与脆弱性

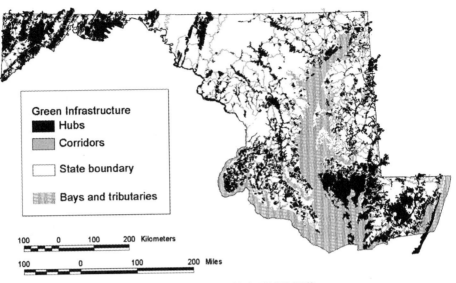

图3-1 马里兰绿色基础设施规划网络

（资料来源：Ted Weber, Anne Sloan, John Wolf. Maryland's Green Infrastructure Assessment: Development of a Comprehensive Approach to Land Conservation [J]. Landscape and Urban Planning, 2006 (77) :94 - 110）

等级进行测定，明确生态保护优先次序，并建立数据模型。

马里兰州的GIA评估中以自然土地为主，建立了如下五大原则："自然资源价值；现有地块如何合理进入多层叠加系统；农村与已开发区域间开放空间的重要生态意义；重视协调地方、州和州际三者的规划；野生动物保护需求"[9]，以识别绿色基础设施系统。

马里兰的绿色基础设施模型大体上有效地获得了全州的生物多样性和大部分自然资源情况，在评价生态重要性和开发风险性的基础上设定了保护优先权，并将其作为基础资料，最终成为该地区绿色基础设施规划的重要依据（图3-2）。

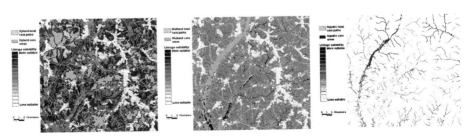

图3-2 马里兰生态系统评估——左：陆地；中：湿地；右：水域

2. 高度城市化地区绿色基础设施规划（highly urbanied green infrastructure vision）：以西雅图2100年开放空间计划（Open Space Seattle 2100）为例

西雅图开放空间网络可以看作是对马里兰绿色基础设施模式的延伸和拓展，是最早提出的关于城市绿色基础设施建设的重要范例。在西雅图模式中，绿色基础设施的关注点由区域尺度转移到了城市尺度，由郊野转移到了城市建成区。通过聚焦于城市的既有结构和城市生活影响因子，成功地探索并形成了将两者与城市自然系统有机整合的方法，即一套适合高度城市化地区的绿色基础设施理念及方法。

西雅图开放空间网络旨在创建一个更加健康、更加美丽的西雅图，通过对开放空间及其生态功能的重视，创造多样性的社区公园、休闲空间、野生动植物栖息地、城市街道、低影响交通等，致力于利用绿色基础设施网络实现社会、经济和生态三者的平衡发展。其最大特征在于综合了多个领域的研究成果，在充分尊重城市结构和充分考虑城市生活方式的前提下，建立了"社会开放空间、低影响交通、水、生物栖息地和新陈代谢"[25]五大相互交织的绿色基础设施网络系统（图3-3）。该项目的主要规划途径包括以下几方面。

1）综合绿色网络的建立

串接开放空间以形成环状网络，同时衔接高地与海岸线，并与区域步道系统相连接；丰富开放空间的功能属性，尽可能地高效利用每块地，并获取利益；在保障绿色空间完整性及其生态功能的前提下，重新定义运输廊道的具体走向和用地边界；创造并运用自然排水方式，利用雨水花园、湿地修复、地表渗透等方式恢复水系统。

2）提高开放空间的生态性

基于城市水系恢复城市的生态廊道，在尊重水系的基础上将被掩埋的历史河道惊醒重建，并修复河岸廊道与海岸栖息地；建立和保护绿带网络，将现有城市森林区域扩大，并重视对野生动植物栖息地的保护。

3）改善城市的空间分布

将发展的重心放在城市中心区，并对外围的绿地、农田、林地等予以维护；强调绿色建筑，在住宅和商业等建筑上运用绿色屋顶，既可以减缓城市热岛效应，同时还可以辅助雨水储蓄，创造局部栖息地；建立新的城市中心，并提高其功能复合性，将商业、居住、公共设施等混合布局；鼓励内部自给自足的分散式农业生产、水资源处理、能源发电等，降低对外部资源的依赖。

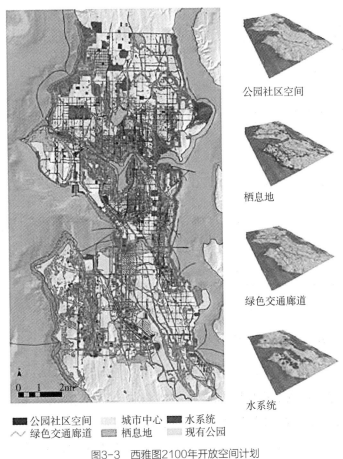

公园社区空间

栖息地

绿色交通廊道

水系统

■ 公园社区空间　　□ 城市中心　　■ 水系统
〜 绿色交通廊道　　■ 栖息地　　□ 现有公园

图3-3　西雅图2100年开放空间计划

（资料来源：http://www.asla.org/awards/2007/07winners/439_gftuw.html.）

4）加强可达性

提高市民到达水域、开敞空间等的便捷性；提高开放空间的层次性，提供包括城市公园、游乐场、生态公园、人行步道等多样化的开放空间。

3. 案例总结

作为绿色基础设施在郊野空间和城市空间层次上的代表模式，马里兰和西雅图的绿色基础设施规划都是建立在将绿色基础设施视为城市自然生命支撑系统的认识基础上，从规划实质上来说也都是被作为了引导城市未来可持续发展的重要战略，同时还都对系统内部的彼此联系赋予了重点关注，并且都设置了大量具有多种功能的开放空间体系。然而，尽管两种模式都拥有以上的共性，但是面对不同的规划和研究尺度，以及截然不同的地区发展和环境等问题，马里兰模式和西雅图模式还是表现出了表3-1所示的几点不同。

两种模式的不同之处[①]　　　　　　　　　　　　表3-1

	马里兰模式	西雅图模式
研究对象	低密度的郊野乡村	高密度城市化区域
研究问题	现有自然资源的保护性开发	现有城市结构的调整
研究目的	基于自然生态保护的土地开发利用方案	提升城市可持续性和宜居性
指导原则	景观生态学、保护生物学	地区性、整合、多功能、公平、连接、品质、美、身份感、归属感
结构	中心—连接	五大交织系统： 中心—连接的自然系统 社区开放空间； 低影响交通；水；生物栖息地；新陈代谢
形式	自然、半自然、人工系统	自然系统

3.1.2　绿色基础设施作为技术统筹的应用

正如前文所提到的，绿色基础设施可以被看作是将生态学的相关技术进行统筹的一种方法，吸纳了城市生态学相关成果并将其纳入绿色基础设施的理论范畴，指导工程技术的实践，如绿道建设、湿地公园保护与恢复、渗透性铺装、绿色屋顶等。下面选取绿道建设、湿地公园保护与恢复以及雨水花园项目进行简单介绍。

1. 绿道建设

绿道建设是绿色基础设施建设的主要项目之一。19世纪下半叶，发达国家提出了对生态及人文资源的保护需求，并且同时希望能提供给居民充足的休闲娱乐空间。1867年，绿道运动之父Frederick Law Olmsted规划了被称作"翡翠项链"的波士顿公园系统（图3-4），开启了绿道规划的里程碑。公园系统包括了绿道、绿色空间两部分，将五大公园和植物园：Franklin公园、Arnold植物园、牙买加公园、Boston花园和Boston公园相连。

1）麻省波士顿大都市公园系统

随后，Charles Eliot规划了波士顿大都市区公园系统（图3-5），涉及周边近600km^{2}的范围。该系统利用5条沿海水系，串接了位于波士顿郊外的5处公园，开创了用沿海河流连接绿道的先河。

---

① 于洋. 绿色、效率、公平的城市愿景——美国西雅图市可持续发展指标体系研究［J］. 国际城市规划，2009，24（6）.

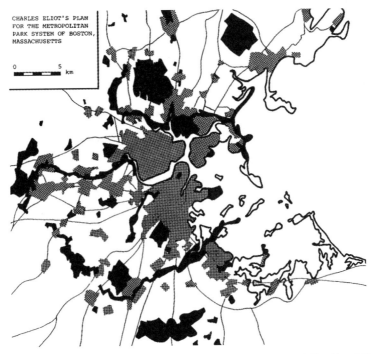

图3-4 Frederick Law Olmsted的公园系统，1867年至今在不断地设计和实施
（资料来源：J·G·法伯斯. 美国绿道规划：起源与当代案例［Z］）

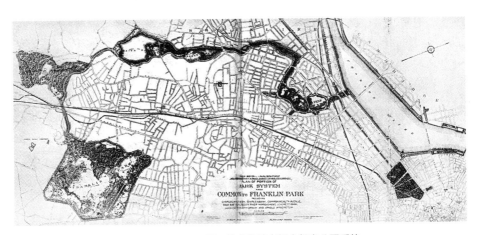

图3-5 Charles Eliot的麻省波士顿大都市公园系统
（资料来源：J·G·法伯斯. 美国绿道规划：起源与当代案例［Z］）

2）巴黎大区区域绿道

规划整合了城市内部的绿色空间和外部的自然景观（农用地或林地等），构建了区域的绿色开放空间系统。同时，通过对自然斑块生态功能保护的重视，提高了环境容量，维护了生态平衡。

3）亚特兰大绿道

绿道系统连接了区域内现有的和潜在的户外休闲场地和公园用地，更重要的是将绿道类型进行分类，针对不同的特征和功能需求，设置不同的人性化设施，如具有教育功能的野生公园、便捷的交通换乘点等。

4）新加坡绿道

从1991年起，新加坡开始建设绿地网络系统，该系统能够覆盖全国，由绿地和水体组成。该网络从使用者的角度出发，全面考虑绿道上的各项服务设施、交通设施以及安全设施，旨在打造人性化的、畅通的绿道网络，将新加坡建设为真正的花园城市。

2. 湿地公园保护与恢复

近年来，湿地一直被作为维持城市生态系统稳定的重要内容，对其的保护不仅仅局限在一条河流或一条湖泊中，而是针对其生态效应，将所有的自然要素，如水体、滩地、堤岸、植被、生物等当作一个整体，通过统一的规划设计，将这些自然要素间的内在联系恢复，最终达到恢复生态、净化水质、控制洪水、生物繁衍等综合目的[35]（表3-2）。

1）伦敦湿地公园（London Wetland Center）

1995年，伦敦湿地公园开始修建，它的占地面积为42.5hm^2，包括天然湖泊、池塘、沼泽等，为首个建在都市中心区域的湿地公园。公园被分为6个彼此独立的区域，相互间通过水渠和园路有机组织在了一起，不仅使动植物拥有了适宜的栖息和繁殖场所，还为游客提供了生动的了解湿地知识的可能。

2）美国永乐湿地国家公园（The Everglades Park）

成立于1947年的永乐湿地国家公园位于美国佛罗里达州南部，是佛罗里达公园系统的一部分。公园现有面积约611hm^2，包含了约525hm^{2}的受保护荒野区（Wildness Areas），拥有落基山脉以东最广阔的野生区域，其中还包含了大量红树林生态系统。

湿地保护区和湿地公园案例 表3-2

序号	湿地名称	面积（km^2）	生态类型	活动
1	日本琵琶湖	670.8	湖泊湿地（明水林地等）	划船、观察野营等
2	巴黎蓝海滩省级公园	43	湖泊湿地、芦苇荡	游览
3	法国省级苏赛公园	2	沼泽湿地	观鸟、植物

3. 雨水花园项目

在城市化进程中，不可渗透表面替代自然表面的现象不断发生，大面积具有吸水、纳水能力的绿色肌理遭到严重破坏。雨水花园作为基础性专类工程设施的一类，在绿色基础设施理念的引导下，既能够有效地保护自然资源，又可以为绿色基础设施的建设提供发展空间。同时，还具有较低的建造及养护费用、简单的运营管理方式、自然美观等特点。

雨水花园，又称"生物滞留区域（Bioretention Area）"[36]，是指"在地势相对较低的地方种植植物，借助植物和土壤的过滤作用净化雨水，从而达到消解部分初期雨水产生的汇集现象，降低径流量，减少地表径流污染并回补地下水源的目的"[37]。经过雨水花园净化的雨水能够再次成为景观、绿化或其他用水需求的来源。

在大量的雨水花园相关项目中，根据场地的特征，其应用方式也有所不同，有些是直接形成一个雨水花园，另一些则是在设计中加入雨水花园的概念和手法。

1）塔波尔山中学雨水花园（Mount Tabor Middle School Rain Garden）（图3-6）

该项目为一处校园建筑中的庭院，占地约为380m²，是波特兰市可持续雨洪管理最成功的案例之一。由于原始场地为沥青停车场，在整体的使用上效率不高，同时，由于是不透气硬质铺地，场地局部的微气候也往往温度过高。

设计实现了就地管理，通过排水沟和管道系统将从不透水地面汇集到的雨水输送到雨水花园中，使其在下渗的同时与土壤和植物发生相互作用，经过吸附、降解、离子交换等过程达到净化的目的。随后，大于设计深度的超量雨水才会溢出并与市政排水管网系统相衔接。该雨水花园在雨洪管理方面十分成功，它所收集到的雨水均能在花园区域进行净化和渗透，为未来的污水处理设施更新建设节省了近10万美元。

2）西南十二大道的绿色街道项目（图3-7）

该绿色街道改造项目位于波特兰市中心旁，整体呈线性分布，项目以改造街道中人行道旁没有能够完全利用的区域为目标，将其改造为雨水公园，提高道路

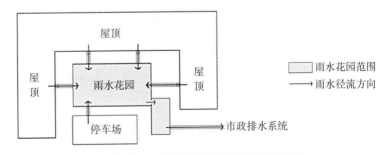

图3-6　塔波尔山中学雨水花园雨水收集平面示意图

（资料来源：洪泉，唐慧超. 从美国风景园林师协会获奖项目看雨水花园在多种场地类型中的应用［J］. 风景园林，2012（1））

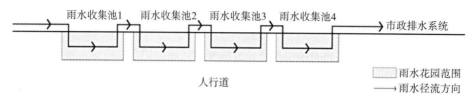

图3-7 西南第十二大道绿街工程雨水收集平面图

（资料来源：洪泉，唐慧超. 从美国风景园林师协会获奖项目看雨水花园在多种场地类型中的应用
[J]. 风景园林，2012（1））

中雨水就地管理的可能性，减少雨水的地表径流。

设计在街边设置多个雨水收集池，并沿线展开，对街道中的雨水进行收集，延长其径流时间，并进行净化及渗透。同时，还在雨水收集池中种植大量具有耐湿和耐旱特性的植物，如平展灯芯草和多花蓝果树，植物的特殊根系组织能够帮助降低雨水速度，并使其更容易渗入并穿透土壤层，同时也增强了街道的景观性。

3）万人工厂的生态停车场设计

该设计位于一个万人厂区，主要是针对厂区的外部进行环境设计，现状场地的中心是主体建筑，周边是面积为4hm²的停车场区域。设计抛弃了传统的利用沟渠、管道等硬质排水设计，并没有设置管道、人工井、道路牙等设施，而是选择利用地形对雨水进行分散性引导。设计强调停车场周边分布的草地、池塘以及湿地，利用这些区域所收集到的雨水，分层级由高到低逐级渗透，合理地疏散了来自停车场、屋顶和道路中的雨水，并有效地回渗到土地中（图3-8）。

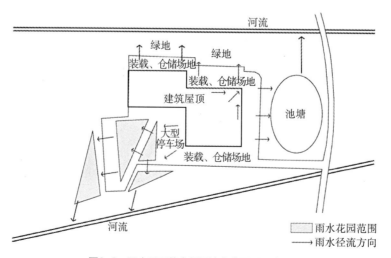

图3-8 万人工厂停车场雨水收集平面示意图

（资料来源：洪泉，唐慧超. 从美国风景园林师协会获奖项目看雨水花园在多种场地类型中的应用
[J]. 风景园林，2012（1））

3.2 国内绿色基础设施的实践应用

3.2.1 绿色基础设施作为规划类型的应用

1. 北川新县城绿地系统规划

北川作为我国"灾后重建标志"项目，在设计中引入了绿色基础设施的概念，设计之初就确定了将"先行考虑绿色和自然的生态环境等，并将其当做城市的基础设施系统，以创造一个人与自然和谐共生的城市"[38]。该项规划提出"加强生态环境保护，坚持可持续发展"的总体方针，提出"强化生态敏感区域的监管，从长远考虑，制定区域生态环境的监测、评估及预警机制；加快生态修复，在自然修复为主导的前提下，与人工治理措施相结合，实现资源高效合理利用。"[39]

1）先行性

强调"绿色基础设施先行"[38]，强调对自然过程充分尊重和对生态服务功能的维护，同时以土地健康安全为城市建设发展的前提条件。绿色基础设施作为一个多尺度的概念，虽然针对不同的尺度所面临的问题和提出的解决方法都有所不同，但本次设计强调在所有尺度上，绿色基础设施的建设都在"第一时间介入"[38]。

2）连通性

与一般的城市绿地系统强调的"点线面"关系有所不同，北川新县城的绿地系统规划强调所有相关要素的彼此衔接，通过这种相互连通来维持生态过程的完整性，保障物种迁徙和能量交换的顺利进行。在绿色基础设施的理念下，绿地系统最终形成了"一环、两带、多廊道"的结构（图3-9）[38]。

3）绿色基础设施评价

设计对场地及其周边地区的自然区域进行了生态敏感性以及用地适宜

图3-9 绿地系统规划

（资料来源：中国城市规划设计研究院. 北川羌族自治县新县城灾后重建规划［Z］）

性评价，并以此为根据确定了最终的生态分区，施以不同的规划目标。

4）生态性

对原始山水态势和格局的充分尊重：针对山体规模的大小，从对大规模山体绝对保护，到对浅丘区域的合理、适度开发，针对区域内的微地形予以一定程度的干预和建设。控制山区内部生态敏感性较高的地带，严格禁止中高密度建设的进行，同时还从城市结构、开发密度、整体布局等方面进行考虑，以降低对环境的影响，确保对其生态承载量的满足[38]（图3-10）。

通过布局调节局部气候环境：现状因为四周山体环绕导致静风频率过高，因此，在设计中强调根据现状格局特征，考虑城市整体布局。规划在安昌河、永昌河以及道路绿化的基础上，共同搭建了区域的自然框架，并构成了通风廊道。另外，还通过高低有致的建筑体布局，促进城市空气流动和循环，提高整体空气质量。[38]

5）可达性

选取"点、脉、网、面"为基本设计要素，构建城市的开放空间体系，形成两级公共活动空间体系——城市级和社区级；结合城市空间格局营造城市公共绿地系统，使绿地就近服务居民，保证居民的5min步行范围内，即居住地300m内有绿地[38]（图3-11）。

图3-10 水系结构图
（资料来源：中国城市规划设计研究院. 北川羌族自治县新县城灾后重建规划［Z］）

图3-11 新县城300m公园绿地服务半径分析图
（资料来源：中国城市规划设计研究院. 北川羌族自治县新县城灾后重建规划［Z］）

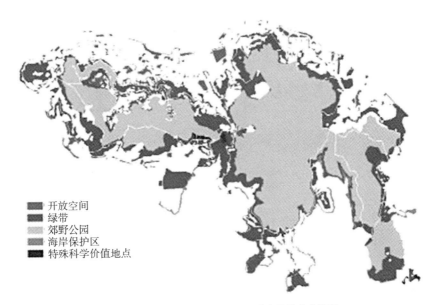

图3-12　实施绿色基础设施前香港岛绿地分布情况

（资料来源：陈弘志，刘雅静. 高密度亚洲城市的可持续发展规划——香港绿色基础设施研究与实践［J］. 风景园林，2012（3））

2. 香港的绿色基础设施建设

虽然香港是一座密度很高的城市，尽管如此，它却拥有着大量的绿地自然资源，绿地量仍然保持在67%左右。但由于城市的快速发展，城市内部公共开放空间缺乏的现象却十分明显，并且现有的开放空间也呈现出了较大的破碎化现象，同时，也缺乏连续的绿地网络。为了更好地应对城市内部自然格局所面临的困境，香港构建了绿色基础设施的战略，用于改善城市的生态环境和增加市民公共活动的空间，最终以"香港绿化总纲图"的形式进行呈现。[40]

香港的绿色基础设施包含了由自然环境和开放空间相互连接形成的网络，一方面，该网络能够保护城市生态系统的完整性和促进其生态效益，另一方面又利用开放空间网络保存了城市的文化历史价值。绿色基础设施网络成为一个覆盖环境、社会、经济和人文四大方面的多层次框架，这种整体的研究方法有效地促进了香港绿地系统的改善（图3-12、图3-13）。

3.2.2　绿色基础设施作为技术统筹的应用

1. 低影响交通

在天津中新生态城的绿色交通系统中，规划提出以绿色交通理念为指导原则，在交通方面围绕绿色、生态的主题，建立低影响的交通体系。通过定义绿色

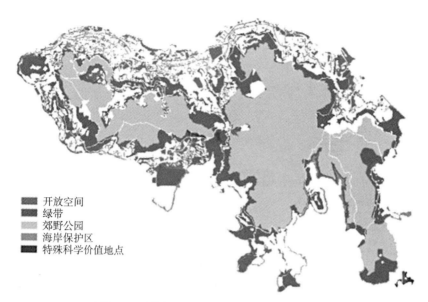

图3-13 实施绿色基础设施后香港岛绿地分布情况

（资料来源：陈弘志，刘雅静. 高密度亚洲城市的可持续发展规划——香港绿色基础设施研究与实践［J］. 风景园林，2012（3））

交通的内在意义，确定交通系统的服务功能，组建活动方式，最终实现"出行方式合理、距离适当、资源利用合理和服务高效"的目标[41]。设计采取了以下三大策略来统筹交通：

策略一：平衡本地居住和就业，实现公共服务中心的就近服务功能；

策略二：将交通系统与公共服务中心相协调，引导市民出行行为；

策略三：实现以"绿色"为主导的综合交通系统，包括"独立的慢行交通网络、高密度公交网络、机非分离的空间网络"。

2. 生态化景观

以北川新县城的绿地系统规划为例，在绿色基础设施理念的统筹之下，同样运用了城市生态化方面的工程设计方法，用于提高绿地系统的生态功能效益。

1）雨洪管理

北川新县城因为当地气候条件和区位条件的影响，具有年降水量大（约1300mm）、周边山体汇水能力强等特征，因此面临较大的水涝压力。在设计中，为了增加对雨水的调蓄控制，将传统"单一线型"的河流景观结构特点，改变成"块状池塘"结构，形成了多个雨水滞留池，达到消除洪峰、缓解水涝的目的，同时也起到了净化城市雨水水质，并将其合理储蓄且便于回用的效果。

2）修复城市废弃地

将场地内原有的鱼塘和废弃采砂坑进行重新评估和分析，根据各自的特点设计改造为不同的湿地景观。这些湿地景观在生态上不仅能够滞洪和净污，净化后的雨洪还可以顺利流入安昌河，进一步促进了区域水质的优化。

3. 生态化基础设施

以上海崇明东滩的基础设施生态化建设为例，该项目是在推进上海崇明的生态化建设的背景下产生的。为了促使东滩的基础设施向绿色化的方向转变，规划提出了东滩基础设施转化的三大模式："利用可再生能源生产，使其成为基础设施系统的核心和发展契机；以污染物的生态化处理为重点；以区域资源一体化供应为发展方向"[42]。

第4章
___

规划实践:
新疆生产建设兵团五一
新镇绿色基础设施规划

4.1 实践内容及背景

4.1.1 设计范围

设计研究的范围遵循《新疆生产建设兵团五一新镇总体规划》划定的用地范围，作为控制和管理五一新镇绿色基础设施规划建设的依据。

设计范围的具体边界：东至规划胡杨路和奋进路南段，西至知青路，北至安屯路以及安屯路北五一农场场部建成区，南至乌昌大道，规划范围总面积为11.3km^2（图4-1、图4-2）。

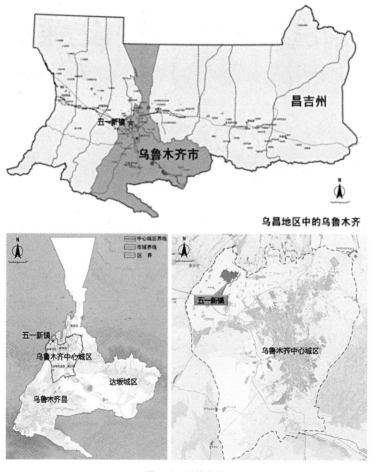

图4-1 区位介绍

图4-2 研究范围

4.1.2 项目背景及研究需求

1. 确立在新疆五一新镇地区规划建设新型城镇的战略构想

新疆生产建设兵团是国家在西北边疆地区戍边维稳、推进地方社会经济繁荣的重要力量。为更好地履行屯垦戍边历史使命，实现"跨越式发展和长治久安"两大战略目标，特别是从推动新疆乌昌地区经济社会发展和维护稳定的长远考虑，兵团迫切需要打造一个支撑社会发展的平台和经济增长极。

2012年年初，兵团领导提出在乌鲁木齐地区规划建设兵团新型城镇的战略构想，并于同年7月开始《新疆生产建设兵团五一新镇总体规划》的正式编制。

2. 区域发展面临的挑战

从区位来看，五一新镇位于乌鲁木齐中心城区西北部、昌吉中心城区以东，处于乌昌一体化的中间地带，南邻乌鲁木齐地窝堡国际机场，具有较好的区位和资源优势（图4-3）。但由于经济结构与政策体制的制约，目前的城镇建设中尚还存在着一些阻碍城镇化进一步推进的问题；并且从兵团自身发展以及城市发展规划的更新来看，要求五一新镇在未来必须强调发展路径的可持续性并承担起更为重要的城市职能。因此，对五一新镇未来的规划建设提出了更多要求。

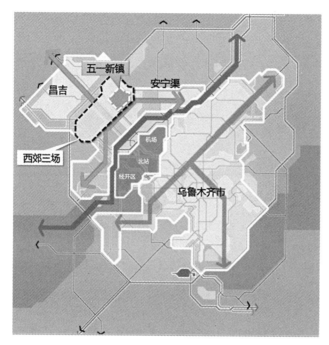

图4-3　未来发展格局

3. 提出绿色基础设施专项研究的需求

在《新疆生产建设兵团五一新镇总体规划》编制初期，就提出了高编制起点、高建设和管理水平的要求；规划要求汇集全国先进经验，结合新疆特点，体现兵团特色；同时提出要借鉴北川重建经验，采取市场机制和行政推动相结合的办法推进新镇建设，以在全疆起到示范作用。

在高标准的规划要求之下，为更好地保障区域的生态安全、应对五一新镇地区未来的可持续发展以及保证五一农场城镇空间的合理拓展，提出将绿色基础设施作为独立的项目进行重点研究。因此，就有了本次关于新疆生产建设兵团五一新镇的绿色基础设施专项研究。

4.1.3　研究内容

如前文所述，一方面绿色基础设施强调的是一个相互联系的绿色空间网络；另一方面，它更是一种土地保护的方法，它所形成的绿色空间网络既能为城市发展提供先见性的保护框架，同时也能对城市发展及基础设施建设提出引导其绿色化发展的途径。

因此，在五一新镇的绿色基础设施研究中，这两方面内容就具体落实到"绿色空间系统"的构建以及"基础设施建设"的引导两大方面。研究希望以新疆五一新镇总体规划项目为载体，基于"绿色基础设施"的相关理论及方法，探讨五一新镇地区绿色基础设施建设的指导战略、规划对策及设计措施。

4.1.4　研究层次

根据五一新镇在西郊三场未来发展中的重要地位和作用，同时考虑西郊三场的整体战略需求，在五一新镇总体规划阶段就建立了"西郊三场、五一农场团域和五一新镇"三大空间层次。旨在通过在对更大范围区域进行整体规划的基础上，提高五一新镇绿色基础设施系统的准确性和全面性。

在五一新镇绿色基础设施的专项研究中，依托五一新镇总体规划的三大空间层次，采取"从宏观到中观，再到微观"的渐进式方法，将研究范围划分为宏观、中观、微观三个层面依次进行讨论，分别对应西郊三场、五一农场团域以及

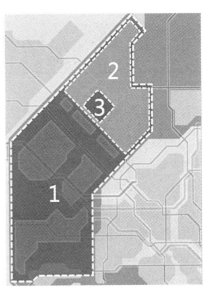

图4-4　研究层次模式图
1-宏观；2-中观；3-微观

五一新镇三大空间层次（图4-4），三大视角的研究内容和侧重点各有所不同（表4-1）。通过分层次、分重点的研究方式，重点讨论了新疆生产建设兵团五一新镇绿色基础设施规划建设的指导战略、规划对策及设计措施。研究旨在通过优先保障三大层面绿色基础设施规划建设的合理性和完整性，强化五一新镇外围区域的整体生态环境建设，优化整体土地利用结构，以期最大限度地保证五一新镇绿色基础设施规划成果的合理性、有效性以及可实施性，促进该地区的高效发展。

研究层次间的关系　　　　　　　　　　　　　　　　　表4-1

研究层次	宏观	中观	微观
研究范围	西郊三场	五一农场（团域）	五一新镇
用地面积（km²）	181.2	61.2	11.3
规划内容	宏观战略指导的建立	中观规划对策的形成	微观具体的设计措施

续表

研究层次	宏观	中观	微观
规划重点	1. 提出绿色基础设施建设的指导思想； 2. 构建区域绿色基础设施的战略结构； 3. 提出指导性总体战略（包括绿色空间和基础设施两方面）	1. 绿色空间规划对策； 2. 基础设施规划对策	1. 绿色空间设计措施； 2. 基础设施设计措施

1. 宏观：西郊三场层面

新疆生产建设兵团西郊三场位于天山北麓、准噶尔盆地南缘，位于乌鲁木齐老城区西北侧，南邻乌鲁木齐地窝堡国际机场，北靠昌吉回族自治州，现包含五一农场、三坪农场、头屯河农场三大农场，隶属于兵团十二师，总面积为181.2km²。

通过研究该层次的绿色基础设施，旨在提出五一新镇绿色基础设施系统的指导思想，创建区域层面绿色基础设施的战略结构，构建西郊三场空间发展和用地布局的重要框架，为五一新镇的未来发展提供重要依据。同时，该层面还确定了绿色基础设施发展的总体策略，涉及绿色空间和基础设施两方面。

2. 中观：五一农场（团域）层面

1957年5月1日，五一农场成立，该农场位于乌鲁木齐市西侧，距乌鲁木齐市25km，昌吉市8km，312国道沿农场南缘通过。现状的五一农场行政管辖范围，包括城镇建设区与非建设区，总面积约61.2km²。

该层面的规划研究是在西郊三场战略研究的基础上，以大区域的视角来提高新镇绿色基础设施具体布局的科学性与可操作性，该层面规划建设的重点在于明确绿色基础设施系统的具体位置及控制范围、各个部分的主要功能，从规划的角度提出绿色空间和基础设施的具体对策。

3. 微观：五一新镇（总规）层面

即总体规划范围，规划边界为：东至规划胡杨路和奋进路南段，西至知青路，北至安屯路以及安屯路北五一农场场部建成区，南至乌昌大道，规划范围总面积约为11.3km²。

该层面旨在通过更为详细的规划设计，提出绿色空间和基础设施两方面的具体设计措施。力图创造更为自然、生态的绿色空间，并与城市未来的可持续发展合理衔接，最终将绿色基础设施向城市内部延续，并与城市的开放空间、交通网络、公共服务设施、市政基础设施等紧密关联，形成更绿色、更生态的城市基础设施网络，切实保障绿色基础设施的各项功能都能切实惠及每一位城市居民。

4.2　规划理念及规划方法

4.2.1　规划理念：绿色基础设施引导城市开发

1. 重绿化指标，更重生态效率

五一新镇区位优势明显，且拥有丰富的资源，但由于其位于典型的荒漠与绿洲间的过渡地带，存在干旱缺水、绿化面积不足、植被退化、沙漠侵蚀等问题，整体自然环境较为脆弱。因此，重视自然做工的能力，增强对绿色空间的关注，以及强化自然生态空间在城市可持续建设中的重要性等成为本次绿色基础设施规划的重点。

不同于大多城市规划中只重视法定的"绿线"和"绿化指标"，本次规划在保障绿化指标的基础上，更予以了城市绿地的内在生态关联和生态效益更高的关注。规划强调建立完善的网络性绿色空间系统，使绿地空间不仅能看，更能使用，从根本上提高绿地的生态效率。

2. 绿色基础设施"先行"策略

本次规划之初就确定了把生态环境和绿色空间作为城市的绿色基础设施予以先行建设的策略，强调综合社会、经济、生态等各方面要素及其综合利益，在对现有土地充分辨识的基础上，"优先"划定保护区域的边界，使规划编制先于新的土地分配形成之前完成。试图通过优先保障该系统的合理性和完整性，保障自然和生物过程的连续性，同时亦为城市扩张预留出足够的发展空间，并最大限度地提供土地高效保护和开发的可能性，且在增强城市对自然灾害抵御能力的同时增强土地的生态服务功能。

3. "消极保护"与"积极发展"相结合

从单纯地"保护"绿色空间转移到利用绿色进行开发引导，实现"GI导向（Green Infrastructure Oriented）的城市发展"途径。通过绿色基础设施网络结构提出适宜五一新镇的规划发展模式，"消极保护"与"积极发展"相结合，强调绿色空间的保护与城市发展并重的框架，形成保护性的整体绿色网络，为五一新镇的城市发展设定边界并要求开发活动在此边界内进行。该模式需要的并非是将土地保护与土地发展孤立起来，而是在考虑新镇开发、城市扩张及其他发展规划的基础上，最终形成先见性、系统性的整体城市发展网络。

4. 认识绿色空间的经济贡献价值

本次规划充分认识并强调城市绿化所能引发的综合效益，认为通过对绿地等自然环境进行改善时，也必定能够提高城市未来的经济发展环境，提升经济活力。

通过构架完善的绿色基础设施网络，结合有效的绿地经营手段及途径，可以令生态环境优势转换成为经济优势，从而带动五一新镇地区未来的经济发展。同时，高质量的生态环境还有利于提升城市形象及城市知名度，进一步带动城市无形和有形资产的增值。

5. 与城市公共空间有效融合

强调将绿地系统与其他城市功能空间，例如城市公共开敞空间、慢行系统等相结合，整合城市基础设施系统，使之绿色化、生态化，构建真正意义上的绿色基础设施系统。

4.2.2 规划原则：生态优先、集约高效

本次的规划设计范围集中分布于天山北侧的绿洲平原地区，该地区的生态环境保护不仅对天山北侧绿洲区域的生态环境安全，更对五一新镇未来城镇空间的拓展有着十分显著的影响。因此，希望通过对五一新镇绿色基础设施网络的打造，提升天山北侧绿洲生态系统的安全水平，控制城镇建设对生态环境的影响，达到推动生态环境保护与城镇化建设协调发展的目的。五一新镇地区内建设空间和非建设空间的构建均需遵守以下两项基本原则。

1. 生态优先原则

五一新镇有着丰富、优良的自然生态资源，绿洲经济也是新疆城镇建设的基础。因此，对于五一这样一个全新建设的新镇来说，生态优先是规划建设的基本原则。规划应以区域生态安全格局为基本前提，对绿洲生态建设区空间范围内的低水平安全格局的地区实行严格保护，对中水平安全格局的地区加强生态抚育，对高水平安全格局的地区提出建设引导。为绿洲生态间建设区内的城镇发展构建一个良好的生态基底。即应在城镇建设区的外围严格控制保护生态涵养地区，禁止盲目建设，积极、科学地对生态地区进行保护、恢复，并且，在保护的同时，加强景观游憩设施的规划设计，赋予生态绿地更为积极的作用。

2. 集约与高效原则

在五一新镇及其周边区域划定相应的生态管制空间，针对不同的生态需求提出对应的生态建设和保护的要求。通过有序引导绿洲生态建设区内城镇空间的发展，实现绿洲生态建设区用地紧凑集约、产业特色鲜明、生态隔离明确的城镇体系空间格局。

4.2.3　规划方法：多层次、多要素、协调统筹

在具体的规划设计中，运用了多层次统筹、多要素叠加、结合城市公共空间、协调其他规划系统等办法，达到构建绿色空间系统和引导基础设施建设的目的。

1. 多层次统筹区域网络

结合城镇总体规划的研究尺度，同时重点考虑绿色基础设施空间尺度的多层次性，本次研究将研究尺度划分为宏、中、微观，运用"宏观到中观，再到微观"的渐进式方法进行研究讨论。通过分层次、分重点的研究，从不同层面完整地考虑了五一新镇的绿色基础设施的相关要素，将多层次的内容统筹考虑，以期最大限度地保证绿色基础设施系统的合理性、有效性以及可实施性。

2. 多要素叠加综合考虑

绿色基础设施系统的相关要素不仅仅包括自然和生物要素，人文、历史和经济的相关要素也是绿色基础设施规划需要重点关注和考虑的。本次规划在对五一新镇及其所在周边区域的自然要素情况和植被分布情况进行分析研究的基础上，综合考虑区域重点交通走廊以及未来城市重点发展区域的影响，将多种要素进行叠加，综合得到各层面的绿色基础设施网络，进而引导城市合理发展。

3. 与城市公共空间相结合

本次规划摒弃了以往绿地系统与城市公共空间单独考虑、分开规划的问题，将绿地空间与五一新镇城市的公共开敞空间统一结合。既为城市提供了生态保障，又通过为绿地空间注入多种城市功能而丰富了绿地的功能性，更为新镇居民未来的高效使用提供了可能性。

4. 与其他相关规划相协调

本次规划强调重视城市建成环境与自然生态环境间的关系，强调综合考虑支撑城市发展的各项基础设施，例如道路、市政工程、防灾减灾工程等，提倡城市整体基础设施的"绿色化、一体化"。通过整体的协调，减少对能源、资源的不必要浪费，落实五一新镇提出的基础设施可持续的口号。

4.3 宏观：西郊三场空间层次绿色基础设施研究

4.3.1 基本情况

1. 概况

西郊三场地处乌鲁木齐老城区西北侧，由五一农场、三坪农场、头屯河农场三个农场构成，总面积182.4km²。

根据公安局提供的数据，2011年期末西郊三场户籍常住人口27772人，其中农业人口922人，非农业人口26850人，人口非农率为96.7%。流动人口27687人，常住人口自然增长率2.66‰，机械增长率40.46‰（表4-2）。

农十二师西郊三场人口数据　　　　　　　　　　表4-2

		五一农场	三坪农场	头屯河农场	总计
户籍常住人口	总数	8946	12173	6653	27772
	非农业人口	8874	473	6503	26850
	农业人口	72	700	150	922
未落户常住人口数		861	138	309	1308
外单位及学校人口数		154	1752	8436	10342
通勤人口（人户分离）		175	336	273	784
流动人口数		6322	3774	17591	27687
常住人口自然增长率		2.70‰	3.19‰	2.1‰	2.66‰
常住人口机械增长率		16.21‰	41.98‰	63.2‰	40.46‰
人口年龄结构	18岁以下	1382	2364	1133	4879
	18～35岁	1928	3144	1709	6781
	35～60岁	4267	5244	2995	12506
	60岁以上	1369	1421	816	3606

2. 区位条件

从地理位置上看，西郊三场位于天山北麓，准噶尔盆地南缘，乌鲁木齐河与头屯河两河流域的冲积、洪积平原中部；从行政区位上看，西郊三场南邻乌鲁木

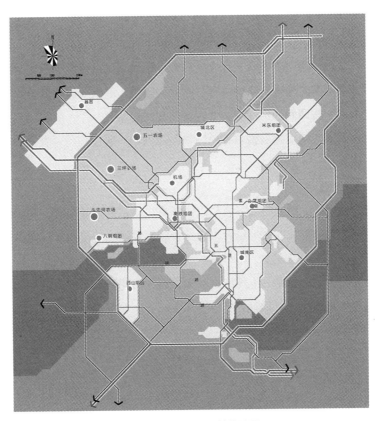

图4-5　西郊三场区域位置图

齐地窝堡国际机场，北靠昌吉回族
自治州，处于乌昌一体化的中间地
带，（图4-5）。

3. 交通条件

西郊三场具有宏观交通区位优
势，但现状内部路网有待改善提高
（图4-6）。

1）对外交通

公路：主要包括乌奎高速公路
和乌昌大道。其中，乌奎高速公路
在三坪农场境内贯穿东西，联系乌
鲁木齐和奎屯，境内长度约10km；
乌昌一级公路位于现状五一农场和
三坪农场的分界处，双向8车道，

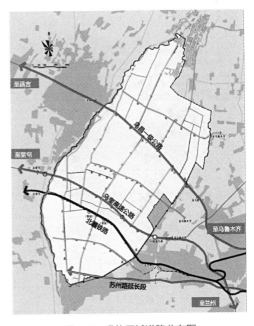

图4-6　现状区域道路分布图

路面宽度36.5m，也是现状的312国道，是目前乌鲁木齐和昌吉联系最主要的道路，交通流量较大。

铁路：北疆铁路位于现状三坪农场和头屯河农场的分界处，属于兰新铁路的西延线，是中国西北地区铁路网络和"欧亚大陆桥"的重要组成部分，在现状三坪农场境内屯坪路两侧分别设有一处客运站和货运站。

航空：西郊三场南邻乌鲁木齐地窝堡国际机场，通过乌昌一级公路与机场有着便利的联系。

2）内部交通

内部交通网络：西郊三场一直是以农场自成体系的发展模式，农场间的道路联系度不够。目前形成四横七纵骨干道路，联系农场，衔接内外。四横包括：安屯路、中坪西街—中坪东街、南坪路、朝阳街；七纵包括：八钢路、东坪路、奋进路、崇五路、屯坪北路—屯坪南路、知青路、酒花路。

交通设施现状：现有加油站7个。其中，五一农场境内2个，三坪农场境内3个，头屯河农场境内2个；现状共有3个客运站，三个农场各1个，现主要开通各个农场和乌鲁木齐中心城区的联系，有4条公交线路。

4. 资源特征

1）土地资源

西郊三场总面积181.2km²，其中建设用地2900.7hm²，占总面积的16.0%；农用地14198.8hm²，占总面积的78.4%；未利用地1020.2hm²，占总面积的5.6%（表4-3、图4-7）。

西郊三场土地资源现状表（hm²）　　　　表4-3

			五一农场	三坪农场	头屯河农场	西郊三场合计
总用地			6124.03	7848.46	4147.21	18119.7
农用地			4699.47	6161.63	3337.7	14198.8
其中	耕地		3043.19	4237.5	1406.26	8686.95
	园地		798.69	966.56	1349.49	3114.74
	林地		267.74	463.17	317.63	1048.54
	坑塘水面		235.88	2.97		238.85
	沟渠		103.8	158.58	80.09	342.47
	设施农用地		83.77	76.21	62.09	222.07
	田坎		9.49	0.2		9.69
	农村道路		156.91	256.44	122.14	535.49

续表

		五一农场	三坪农场	头屯河农场	西郊三场合计
	建设用地	1064.03	1320.75	515.9	2900.68
其中	城镇村及工矿用地	1046.38	1156.2	499.87	2702.45
	交通运输用地	17.61	164.48	15.3	197.39
	水工建筑用地	0.04	0.07	0.73	0.84
	未利用地	360.53	366.08	293.61	1020.22
其中	其他草地	46.61	66.85	59.82	173.28
	内陆滩涂	129.25	219.9		349.15
	盐碱地	121.44	22.39		143.83
	沼泽地	27.72	21.82		49.54
	裸地	35.51	35.12	233.79	304.42

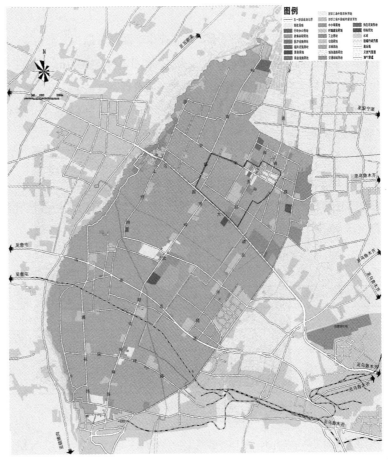

图4-7　土地利用现状图

2）水资源

"乌鲁木齐市水资源综合规划（不含米泉市）"资料显示，乌鲁木齐市地表水可利用量为6.02亿m³，地下水可利用量为2.76亿m³，水资源可利用总量为8.23亿m³。其人均水资源量不到500m³，属于极度缺水地区①，只有全国人均水资源量2200m³的四分之一，全疆人均水资源量5130m³的十分之一，水资源匮乏成为该区域绿色基础设施建设必须应对的难题。

图4-8 现状水系分布

1）地表水资源

头屯河从西郊三场西侧经过，西郊三场的地表水可引乌鲁木齐河、头屯河

两河之水，兼得红岩水库水，主要用于发展农业生产灌溉。据相关资料统计，目前，乌鲁木齐河每年为西郊三场供水500万m³，头屯河每年供水5300万m³，红岩水库每年供水3150万m³。根据《新疆生产建设兵团农十二师水利发展"十二五"规划》，西郊三场属于头屯河灌区，水资源年迹变化不大，但季节性变化较为明显[43]（图4-8）。

2）地下水资源

西郊三场属于头屯河流域，位于山前冲洪积平原区，河流水渗透以及基岩裂隙水是该片区地下水主要形成的水源，地下水储量丰富、埋藏浅，便于开采；地下水储量为5310万m³，可开采量为3986万m³，广泛分布第四系松散层孔隙潜水，埋藏深度30~90m[43]（表4-4）。

西郊三场地下水可供水量表　　　　　　　　表4-4

单位名称	机井数（眼）	配套机井数（眼）	单井出水量（m³/h）
五一农场	95	72	100
三坪农场	20	20	100
头屯河农场	0	0	0
合计	115	92	200

注：十二师西郊三场水资源保障情况汇报 [R]，2012.

---

① 参考联合国系统制定的一些标准，我国提出了人均水资源量标准的缺水标准：人均水资源量低于3000m³为轻度缺水；介于500~1000m³为重度缺水；低于500m³为极度缺水；300m³为维持适当人口生存的最低标准。

5. 自然环境

1）地质

西郊三场在天山山脉中段，以陆相沉积为主。受喜马拉雅山运动的影响，逐步沉积了目前的巨厚形天山山麓，堆积形成南高北低的小坡度平原，即头屯河平原；受燕山运动和喜马拉雅山运动的影响，以前拗陷区的中、新生带地层发生裙皱和断裂，形成了轴向与天山平行的一系列裙皱和断裂构造[44]。

2）地貌

西郊三场位于乌鲁木齐老城区西北郊，在头屯河水系的冲积、洪积平原上，地势平坦、开阔[44]。

3）土壤

西郊三场的土壤情况主要受中温带大陆型干旱气候、山地地形和植被影响，土壤性质为荒漠、半荒漠，灰漠土、灰棕漠土等面积大，土壤的pH值高；土壤分布的垂直带谱明显[44]。

4）气候

乌鲁木齐市属中温带大陆性半干旱气候区，气温日变化剧烈，夏季炎热，冬季寒冷，降水稀少，蒸发量大，无霜期短；晴天多，云量少，太阳辐射很强，多年平均气温6℃；年均风力4.5级，风向主要为西北风和东南风

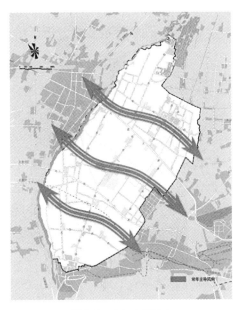

图4-9 全年主导风向

图4-10 现状植被覆盖

（图4-9），多年平均日照时数2813.5h，主要灾害性天气有大风、冻害和早霜等[44]。

5）植被

西郊三场植被由旱生和超旱生灌木，半灌木，小半乔木，多汁盐柴类灌木组成。低洼水塘地也有低地草甸植被，沼泽水生植被由芦苇、香蒲、荆三棱、湿生苔草等构成[44]（图4-10）。

4.3.2 现状特征要素分析评价

1. 区域生态环境：天山北坡重要绿洲地带

天山是横亘于中国新疆境内北部的大型山脉，天山北坡地区是指"以乌鲁木齐、石河子和克拉玛依市为轴心，沿天山与古尔班通古特沙漠间绿洲地区呈东西向带状布局的若干不同规模的城镇"[45]。天山北坡绿洲地区是维持区域生态安全的关键所在，而西郊三场范围正处于绿洲地区内。因而，在宏观层次，充分分析西郊三场所在地的景观环境特点，是科学构建团域绿色基础设施空间结构，进而实现区域宏观生态安全目标、指导城镇园林绿地建设的必然途径。

1）天山北坡地区区域生态格局特征

天山北坡地区"属中温带大陆性干旱气候，以夏季炎热，气候干燥，蒸发量大，降水少为特点，形成了区域生态格局的自然基础"[45]。由于地形坡度和降水分布的差异性，沙漠、绿洲、山地三大生态功能板块呈现南北方向的分层变化，直接反映在景观类型空间的规律性布局上。在地理学上，以天山北坡为典型的生态系统被称之为"山地—绿洲—荒漠"系统，即MODS系统（图4-11）。

2）天山北坡地区区域景观变迁

近年来，天山北坡绿洲地区景观类型空间发生了明显变化，具体表现为农田、水浇田扩张，荒草地、天然牧草地大幅度减少；绿洲荒漠过渡带植被体系的衰退，沙漠化南进态势明显；城镇建设用地显著增加，依托东西向区域交通廊道的城镇发展带严重干扰了绿洲区南北向的生态流动；各级城镇向绿洲区南北两端发展，进入中高度生态敏感区域，对地表水和地下水安全形成潜在威胁。

造成景观类型空间变迁的根本原因是水资源过度开采和城镇化快速发展。水资源是影响绿洲城市景观生态格局变迁的核心要素，天山北坡绿洲城镇生产生活用水主要来源于天山冰川融水形成的地下水和地表水，由于农业耕作面积的持续扩张导致地下水过度开采，地下水漏斗现象严重。同时，由于该地区进入快速城

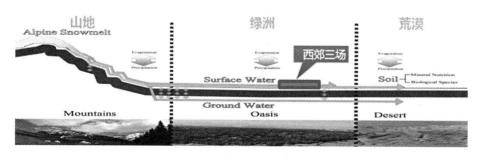

图4-11 "山地—绿洲—荒漠"系统

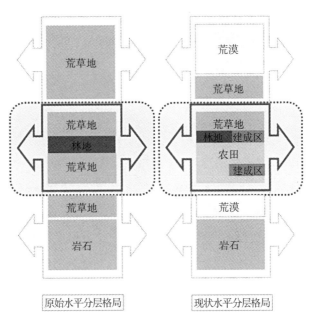

图4-12 天山北坡地区区域景观变迁

镇化阶段，城镇以沿主要交通线"单轴发展"为主的点状分散布局，逐步走向"多点多轴"的网络化布局，导致绿洲区景观生态的破碎度急剧加大（图4-12）。

3）西郊三场所在绿洲地区的生态意义

天山山脉发育的内陆河流，主导塑造了山地、绿洲、荒漠板块衔接、逐渐过渡的地貌景观格局；山地是绿洲形成与发展的基础，向绿洲输送地表水、地下水、成土母质、矿质营养，甚至生物物种资源；绿洲是山地、荒漠生态系统能量汇集和交换的枢纽核心，能量的交换提高了绿洲本身，乃至荒漠系统和山地系统的生产潜力；绿洲荒漠过渡带是绿洲屏障。山地、绿洲、荒漠镶嵌共生，相互作用，形成相对稳定的景观格局。维持和尊重天然的景观生态格局，是推动天山北坡地区城镇化与生态化协调发展的必然选择。

而在天山北坡区域景观变迁加剧的背景下，科学规划、合理构建城镇空间布局，逐级深入、不断加强绿洲地区生态建设，对遏制绿洲退化，防止沙漠南侵，维持区域生态格局稳定，改善城镇人居环境有着重要意义。

2. 研究范围内自然生态环境特征

1）水资源弥足珍贵

西郊三场地区属半干旱大陆性气候，年降水量230.4mm，月降水量在6.3～28.4mm之间；多年平均蒸发量为2616.9mm，蒸发量是降水量的11.4倍。特点是夏季（6~8月）蒸发量大，约占年蒸发量的41%~56%。作为极度干旱的区域，水资源的匮乏为绿地建设提出了高标准的节水要求。

2）用地大面积耕地化

西郊三场地区的农业用地面积为14198.8hm²，占总用地面积的78.36%，其中，仅耕地面积就达8686.95hm²，占总用地面积的47.94%。现状用地大面积耕地化，且现存耕地采取原始的人工耕作方式，工业化程度不高，在水资源和人力资源方面浪费较多。

3）风沙天气对城镇影响显著

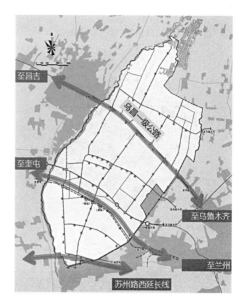

图4-13　三大交通走廊

西郊三场地处"奇台—石河子干热风区"，严重影响当地农作物生产和当地居民生活。由于地处沙漠边缘，扬沙天气频现，导致空气洁净度降低。

3. 建设开发特征

（1）三大交通走廊：乌昌快速、乌奎高速、苏州路西延（图4-13）。

（2）经济生产活动：延续团场原有生产格局。

1）团场现状生产格局及发展目标（表4-5、图4-14）

西郊三场现状团场格局　　　　　　表4-5

	五一农场	三坪农场	头屯河农场
现状主导产业	水产养殖、花卉苗木培育	番茄种植	葡萄、啤酒花、薰衣草种植
"十二五"规划农业发展目标	现代农业示范基地建设，花卉苗木，果品，啤酒花，加工番茄，奶牛养殖，设施农业	设施农业，食用菌生产、加工，番茄加工，鲜食葡萄，酿酒葡萄及桃生产	鲜食葡萄、桃，果品储藏及蔬菜生产，重点建设标准化果园、精品果园的示范推广

2）开发态势

周边产业发展带动：头屯河工业园隶属乌鲁木齐经济开发区，位于西郊三场东部104省道两侧，以生物制药、石油化工、新型建材、机械制造、食品加工等为主要发展产业，已完成2.86km²的开发工作，也已形成良好的制造业基础，并蓄势西扩。八钢集团位于头屯河农场南部，以钢铁冶炼以及相关上下游产业发展

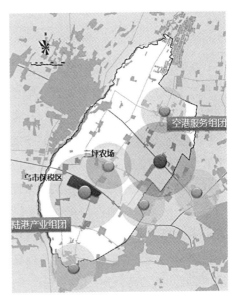

图4-14 团场现状产业分布图   图4-15 远期潜在开发节点分布图

为主。从目前发展带动情况来看，八钢集团及中油乌石化等国企集团对周边的发展带动作用十分明显（图4-15）。

内部大型项目带动：综合保税区选址在西郊三场内建设，总用地面积5km²，它的建设将成为乌鲁木齐及新疆外贸高速发展的引擎，有助于西郊三场产业的发展。三坪集装箱中心站是全国重点铁路集装箱站点之一，其建设将是西郊三场未来发展国内外贸易的重要依托，极大地支撑西郊三场的经济增长、产业升级。

4.3.3　绿色基础设施的规划目标

宏观层面的研究重点旨在，建立西郊三场区域总体绿色基础设施的总体战略指导。具体包括确定区域绿色基础设施建设的指导思想，构建西郊三场绿色基础设施的战略结构，以及提出绿色空间和基础设施两方面的具体指导策略，达到从总体层面控制区域绿色基础设施系统搭建的目标。

4.3.4　规划任务之一：确立绿色基础设施的指导思想

研究确定了五一新镇绿色基础设施规划建设的指导思想：

第一，绿色基础设施先行。把生态环境和绿色空间作为城市的基础设施予以先行建设，优先划定绿色空间保护区域边界。

第二，以划定的绿色空间为基本构架，利用绿色基础设施原则引导城市公共基础设施一体化、绿色化。

4.3.5　规划任务之二：构建区域绿色基础设施的战略结构

在对现状生态要素、经济要素以及人文要素进行评析的基础上，结合西郊三场所在的常年主导风向和社会资源的流动趋势，构建了横向的三条生态绿色廊道。为了进一步增强绿色轴线间的联系，同时保障并提高绿色网络的生态效益，增加构建了五条纵向的生态绿色廊道，最终由八条带状绿色廊带形成了"三横五纵"的网状绿色基础设施战略框架（图4-16）。

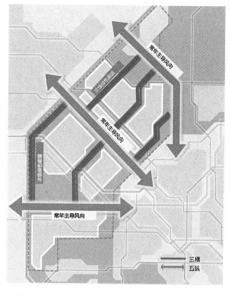

图4-16　西郊三场绿色基础设施战略框架

1. 横向生态廊道："三横"

规划重点考虑西郊三场以东西向为主的景观格局方向，顺应乌鲁木齐常年主导的西北风和东南风，依托已有和已确定的三大交通走廊（乌昌快速、乌奎高速、苏州路西延），再结合已有开发项目和未来规划安排（空港、团场安置房、头屯河工业区、八钢、三坪集装箱编组站等），并兼容已有的团场为单位农业产业格局，划定出西郊三场横向主要的三条生态绿色廊道，成为其绿色基础设施和核心骨架，为健全绿色基础设施网络提供依据。

2. 纵向生态廊道："五纵"

根据绿色基础设施所强调的连接性的特征，利用纵向五条绿色轴线完善网络，一方面提高了城市整体环境的生态性和自然性，另一方面更为后续合理的土地划分和土地功能分配提供了合理和完善的框架系统。

4.3.6　规划任务之三：建立绿色基础设施的指导性总体策略

1. 绿色空间策略

1）绿地功能多样化

绿地功能的设置应在相应的团场差异格局的基础上，强化突出三大团场的自身特色（图4-17）。

（1）三横：强调生产性

依据西郊三场农业发展现状与"十二五"规划发展目标，三条东西向的农业景观带（如前文农业产业发展分析）分别以林、蔬、果为主导功能，以鱼塘休闲、花木经济以及农家乐体验为条带特色，形成以都市精致农业为功能导向，兼具生产性与娱乐性的大尺度的农业景观。

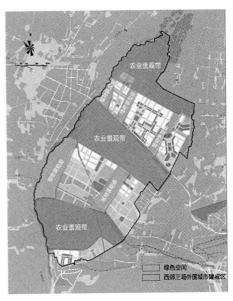

图4-17 绿地功能多样化示意图

但也应当不仅仅局限于"产品向"的思维，也应重视"活动向"的思考，基于差异化产品策划差异化的活动，引入市民参与，形成良性互动。如头屯河可在目前果蔬采摘的基础上丰富即时、即食的美食体验，三坪的花卉产业可带来愉悦的观赏体验以及与摄影产业的融合，五一的鱼塘作为新区内最大的水景地，亲水活动可作为团场招牌，等等。

（2）五纵：强调市民参与性和活动性

城镇发展带内部组团之间结合市政管线走廊的线位与安全距离要求，以城市郊野公园的形式加以分隔，具有更强的市民参与性与活动性。其设计建议以植物种植为母题，采用向日葵、薰衣草、油菜花等景观植物的规模化种植，来延续农业景观的大美气质，同时兼顾了空间使用上的灵活性与维护成本的低廉；另外，作为实体开发的平衡空间，郊野公园廊道在城市雨洪安全方便作为蓄纳载体也将大有作为。

2）景观特色化

首先调整西郊三场地区原有种植模式，通过特色花卉、灌木作物的景观效果，结合西郊三场地区原有的地形地貌，营造平缓、开阔的大地景观。

2. 城市发展策略

1）发展模式：城镇发展集群化

寻求在交通和环境搭建的开发框架的基础上，视资源的成熟度，启动以引擎项目为触媒，组团间功能定位具有差异化和合作性的点式开发，形成一种组团集群化发展的弹性、灵活的"棋局"模式（图4-18）。

2）引导组团式城市格局

历览涉及西郊三场片区空间布局的"概念规划、分区规划、总体规划纲要"三方案，均为"北城南产"的片区格局，肯定了乌昌快速作为乌昌一体化的核心

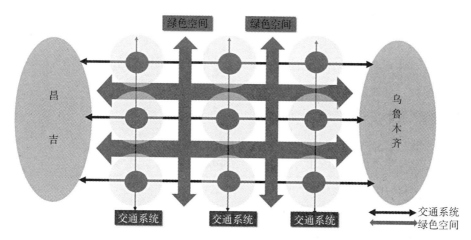

图4-18　城镇发展集群化模式图

结构要素的地位，而将中心北置，则在具体布局上有所差异。因此，在绿色基础设施的网络下，从概念、分区规划的"大中心"到总规纲要的"组团式"的结构调整更具现实意义而值得肯定。因此，在保障生态安全的发展格局之下，形成"条带式布局、组团状生长"的空间格局，强调网络结构和弹性设计（图4-19）。

规划城镇开发条带由北向南分别为：

（1）北部核心城镇带：以发展空港经济、强化兵团政务服务、承载特定事件与主题开发为主，对接昌吉北部城镇功能区；

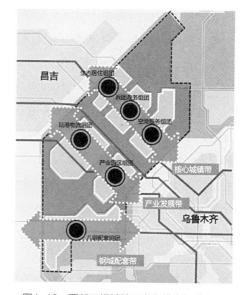

图4-19　西郊三场城镇开发条带生长模式图

（2）中部产业发展带：以聚合工业产业，发展保税物流与出口加工工业为主，对接昌吉南部产业功能区；

（3）南部钢城配套带：以服务八钢工业生产与生活配套为主，融入乌市西部现代制造业集中区。

3）强化兵团"大气、大美、大同"的文化气质

在奠定的绿色基础设施网络的基础上，通过兵团文化特质的研究，结合对场地的理解，对传统文化、造园营城手法的借鉴，我们将西郊三场的空间格局特质

定义为"大密大疏"。密，突出形象，疏，便于观赏，大疏大密、疏密有致的格局以其鲜明的特色满足了多样化的空间需求，从而具有更强的空间竞争力。

战略规划对兵团的文化特质进行了剖析，提出了"大气、大美、大同"三个关键词。"大气"是指在建设模式上，采用因地制宜的城市形态，整体平缓、舒展的城市空间，相对紧凑的功能混合与多样发展；"大美"是指在开放空间方面，以开阔壮美的大地景观为主，兼具观赏以外的生产性功能和本地化的生活生产支撑系统；"大同"是指在文化背景方面，以中原文化为主体的多民族文化底蕴，五湖四海的人才资源带来的地域文化融合，以军旅文化为特色的主题文化气质。

3. 基础设施策略

1）交通支撑：构建西郊三场"共享、开放、一体化"的综合交通体系

（1）核心策略

西郊三场交通发展的核心策略是构建西郊三场共享、开放、一体化的综合交通体系。对于西郊三场内部及周边的重大交通基础设施，如地窝堡机场、乌西站、乌北站、集装箱中心站、高铁、城际铁路、轨道交通、高速公路、快速路等，实现在乌昌经济一体化大格局下的区域交通资源共享。同时，加强西郊三场与乌鲁木齐市中心城区、昌吉市规划路网在各层次的全面对接，构建面向乌昌都市圈的开放式、一体化骨干通道系统。

（2）骨干道路一体化

对外交通采取"全面对接，一体考虑"的方法（图4-20～图4-22）。与乌鲁木齐市中心城区、昌吉市规划路网全面对接，构建开放式、一体化的对外干道系

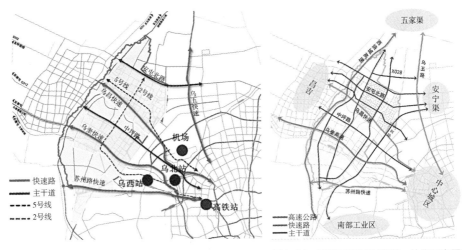

图4-20　西郊三场与周边重要交通设施联系图　　　图4-21　西郊三场骨干道路一体化示意图

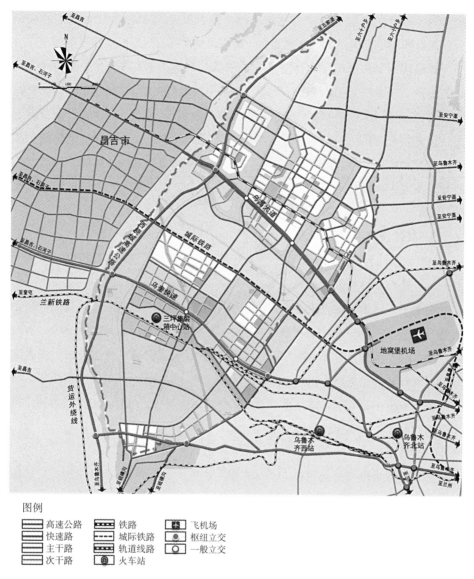

图例

	高速公路		铁路		飞机场
	快速路		城际铁路		枢纽立交
	主干路		轨道线路		一般立交
	次干路		火车站		

图4-22　西郊三场交通协调示意图

统。在五个主要联系方向上，4条骨干道通向乌鲁木齐中心城区，3条骨干道通向乌鲁木齐城北新区，6条骨干道通向昌吉市，3条骨干道通向五家渠，3条骨干道通向南部工业区。

在内部联系上，采用"九横五纵，功能分明"。通过规划形成"九横五纵"的干道系统，九条横向干道分别为乌奎高速、乌昌快速、苏州路西延、X028、安屯北路、安屯路、五一路、中坪路、南坪路。五条纵向干道分别为西绕城高速公路、酒花路、屯坪路、东坪路、八钢路。

2）水资源可持续利用策略

利用差异化发展路径：在产业选择方面，摒弃高污染、高耗水企业，提高工业区企业入园门槛，将节水效率作为其中重要的考核项目；可持续性节水景观设计：城市景观避免过大的水面，以水源可支撑、利用可持续为前提，力争塑造曲径回旋、诗情画意的具有古典中国风格的中小尺度景观；高效水资源利用：在开源节流方面，节水优先，在农业、工业、生活用水、雨水滞渗利用、再生水回用等方面实施高效的水资源利用模式，积极开辟新的水源。

3）高效能源供应策略

（1）构建清洁、多元、高效的能源供应体系

依托西气东输二期工程，积极引进管道天然气，鼓励使用清洁煤及天然气替代原煤，减轻大气环境压力；发展公共交通、倡导低碳出行方式，减少石油消费量；鼓励开发太阳能、风能、生物质能等可再生能源。力求实现远景人均能耗为4.0t 标煤，年能源总需求量为200万t 标煤的能源需求目标（图4-23）。

（2）建设能源设施，降低能源供应成本

建设1座大型燃煤发电厂，为城市提供充足电力，依托新疆电网保障电力安全；构建智能本地电网，保留1座、新建1座220kV变电站；建设煤炭供应中心，统筹安排煤炭供应问题；建设垃圾发电厂，消纳生活垃圾，并为城市提供电力；建设1座成品油油库，增强石油储备能力。

（3）完善能源供应保障体系，降低能源供应风险

建设及保护电力、天然气、成品油等能源输送通道，增强基础设施供应保障能力；完善配送系统及用户接入系统，方便居民使用。

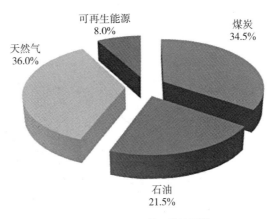

图4-23 远期能源结构预期

4.4 中观：五一农场团域层面绿色基础设施研究

4.4.1 基本情况

1. 概况

五一农场位于乌鲁木齐市西郊26km处，农场场部距离乌鲁木齐国际机场约13km，东与乌鲁木齐接壤，南部与三坪农场相望，西同昌吉市相连，北与安宁渠镇接壤。根据公安局提供的数据，2011年期末农场户籍常住人口8946人，其中农业人口72人，非农业人口8874人，人口非农率为99.2%[43]。

2. 区域位置

五一农场团域位于乌昌高速公路23km处，地理坐标为东经87°15′00″~87°27′23″，北纬43°55′44″~44°03′10″；团域范围内南北长约5~13km，东西宽约6~9km，海拔高度520~616m；地势由东南向西北倾斜，平均坡降7.6‰，呈南高北低，土地总面积62.98km²[43]。

3. 交通条件

1）对外交通

公路：乌昌一级公路位于现状五一农场和三坪农场的分界处，该道路双向8车道，路面宽度36.5m，也是现状的312国道，是目前乌鲁木齐和昌吉联系最主要的道路，交通流量较大。路面标高高出地面约2~4m，现状主要通过3处上下匝道联系五一农场和三坪农场，使西郊三场与外界有很便利的交通联系。其次，还通过屯坪路和104省道与三坪农场、头屯河农场相连[43]。

航空：五一农场场部距乌鲁木齐地窝堡国际机场仅13km，团域最近处距其

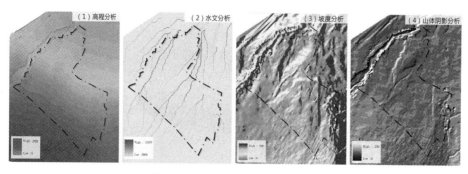

图4-24 地形地貌GIS分析

仅4km，通过乌昌一级公路与机场有很便利的联系[43]。

2）内部交通

五一农场内部道路主要为从场部联系乌昌快速路的道路及联系所辖基层连队的道路，包括崇五路、安屯路、知青路、奋进路、马莲滩路等。五一农场境内现有客运站1个，加油站2个，现有一条公交线路511路（碾子沟—五一农场）[43]。

4. 资源特征

1）土地资源

团域土地总面积61.24km²，其中农用地47.0km²，建设用地10.6km²（图4-25）。其中，农用地中包括耕地3043.19hm²、园地798.69hm²、林地267.74hm²、坑塘水面235.88hm²、沟渠103.8hm²、设施农用地83.77hm²、田坎9.49hm²、农村道路156.91hm²；建设用地包括城镇村及工矿用地1046.38hm²、交通运输用地17.61hm²、水工建筑用地0.04hm²。

2）水资源

（1）地表水资源：农场地处乌鲁木齐河、头屯河中段，头屯河沿农场西部边

图4-25 五一农场（团域）土地利用现状图

界通过，在农场境内长约9km，建厂前农场分为下四工和下头屯两个地区，东部下四工地区用乌鲁木齐河水灌溉，西部下头屯地区用头屯河水灌溉，1964年并场后农场灌溉兼得两河之水。乌鲁木齐河每年为农场供水500万m³，头屯河每年供水1300万m³，红岩水库每年供水250万m³。

2）地下水资源：五一农场属头屯河流域，位于山前冲洪积平原区，水文地质单元是山前砾石带，径流补给富水区；地下水形成分布特征为河流入渗及基岩裂隙水的补给，广泛分布第四系松散层空隙潜水，埋藏深度30~70m，卵砾石、砂砾石含水层具有洪积特点，夹带泥砂透水性较差，单井流量100~150m³/h，水化学类型HCO_{3-}、SO_4^{-2}、Ca^{+2}、Na^+，矿化度<lg/L，适宜地下水开发。目前，头屯河流域，地下水开发利用主要在项目区的五一农场，五一农场现有农用井49眼，年开采量800万m³。

5. 自然环境

1）地形地貌

五一农场团域海拔高度520~616m，地势由东南向西北倾斜，平均坡降7‰，呈南高北低，原始水文走向由西南方向流向东北方向。

2）土壤

五一农场土壤类型主要为灰漠土类的灌耕灰漠土亚类，熟化程度高，土层深厚，土质疏松，土壤肥力较高[44]。

4.4.2　现状特征要素分析评价

山北坡绿洲地区是维持区域生态安全的关键所在，而五一农场团域范围正处于绿洲地区内。因而，在中观层次，充分分析团域所在地的景观环境特点，是科学构建团域绿色空间结构，进而实现区域宏观生态安全目标、指导城镇园林绿地建设的必然途径。

五一农场团域绿色基础设施要素具有以下主要特点。

1. 水资源弥足珍贵

五一农场属半干旱大陆性气候，年降水量183~200mm，年均蒸发量1787mm，是降水量的9.77倍，水资源匮乏问题极为突出。

2. 风沙天气对城镇影响显著

由于扬尘天气的影响，"五一农场"的城镇化的过程将是从"农田—防护林网"格局到"城镇—绿色空间"格局的转变过程，依托现状植被条件，从空间布局到植物材料多层面提升绿色空间的防护能力，是确保良好人居环境的重要前提。

3. 城镇绿地建设水平有待提高

五一农场的城镇绿地建设尚处于初级阶段，可供城镇居民日常游憩的绿地仅现状农业观光园一处，其他绿地形式主要为防护绿地，包括现状道路防护林和农田防护林网。植物材料种类有限，绿化形式简单。绿地的规模和质量与未来城镇发展需求均有很大差距，大有提升空间，在充分依托现状绿地资源的同时，也为科学合理构建未来城市绿色空间体系提供了难得的机会。

4. 农业景观提升面临挑战

农业长久以来既是兵团的基础产业，也是天山北坡地区的主要产业，经历了漫长的历史发展，成了该地区的一类典型景观，是体现地域特色的重要景观资源。但由于农业大量消耗水资源，又与天山北坡绿洲地区生态安全存在重大矛盾，在五一农场城镇化发展和农业从传统农业向现代都市农业转型的过程中，适当延续农业景观特色，提升农业综合效益，塑造区域大地景观成了新的挑战。

4.4.3　绿色基础设施规划的规划目标及引导原则

1. 规划目标

1）细化绿色空间的发展对策

在宏观层面绿色基础设施空间布局的限定和引导下，进一步分析中观层面五一农场团域层面的自然要素需求。在尊重场地原始地形地貌及水文脉络的前提下，通过结合绿色空间的发展需求，统筹并细化该层次的绿色基础设施网络，奠定五一农场团域的绿色生态基底。

2）提出引导城市可持续发展及土地高效利用的对策

绿色基础设施作为一种先见性的城市发展保护框架，需要在搭建而成的绿色空间基底的框架上，综合五一团域的社会、经济、生态等各方面利益，提出适宜未来土地开发及利用的合理对策，引导未来的空间增长。

3）确定基础设施绿色化发展的对策

通过构建基础设施绿色化发展的对策，引导为城市运行和发展提供生产、生活服务等功能的各类基础设施向更为绿色、更为生态的方向发展、转换，更好地满足城市绿色发展的需求。

2. 规划原则

1）外围空间生态化

在五一团域的规划中，坚持了外围空间生态化的原则。团域的现状大部分为农业种植区域，生态绿化环境资源的保护与利用，是团域未来发展需要重点考虑的要素。新疆属于干旱缺水地区，自然环境较为脆弱，绿洲经济是新疆城镇化发展的支撑力量，因此在小城镇的建设上应充分考虑自然生态环境的影响，强调城市与自然的和谐共存，注重对绿洲环境的建立与保护，确定生态环境为城市建设的本底与前提。

2）多层级、网络化的绿色空间保护层级

通过多层级的绿色空间体系，将生态功能锚固于团域空间，并可有效衔接其他层次的空间发展与生态保护规划。同时，通过网络化的绿色空间布局，实现区域生态资源的相互沟通，保障生态设施服务功能的均衡配置。

3）生态、生产与游憩功能统筹兼顾

在生态优先的基本原则下，充分考虑生产、游憩等多种功能，在有限的空间范围内，实现功能的协调与复合，发挥绿色空间的综合效益；并达到推动各项产业优化与升级，塑造城镇空间整体风貌，节约建设与养护资金投入等多重目标。

4）节水、节地，促进城镇空间集约发展

通过绿化隔离空间的设置与管控，防止城镇建设空间过度蔓延，实现其与自然区域的生态缓冲与功能协调，提高城乡土地资源的集约程度。同时，在规划和实施的不同层次，贯彻节水型园林建设思路。绿色空间建设注重质量，在有限的规模内，创建生态和谐、功能便捷、环境宜人的城乡绿色空间。

4.4.4 绿色基础设施的空间布局

规划坚持了外围空间生态化的原则，保留了北部以现有鱼塘水域为中心的禁止建设区，以生态涵养保护、农业田圃利用以及自然景观塑造为重心，作为团域的生态核心；同时在各城镇组团之间，以及组团内部，控制保留生态绿化廊道，一方面作为紧邻城市建设区的生态绿色区域，提供休闲活动场所、保护通风廊道、调节小气候，同时也作为重要市政管线及市政交通设施的落位空间。最终，形成了"南北板块分区、廊道绿隔限定、绿带互通联网"的团域绿色基础设施网络结构（图4-26）。

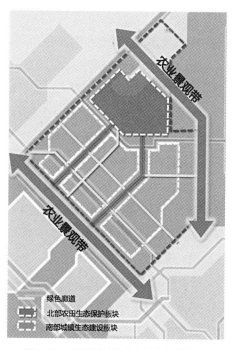

图4-26 绿色基础设施空间布局结构图

1. 南北板块分区

根据土地利用规划以及现状条件的分析判断，规划将五一农场团域分为了南北两个区域。

1）北部农田生态保护板块

北部区域以现状鱼塘水域为核心，作为禁止建设区，以生态保护与涵养为主，形成农田生态提升板块。生态板块的划定一方面对团域范围内影响区域生态环境的主要景观生态类型进行空间限定，避免城镇和农业空间蔓延，保护区域生态本底完整；另一方面对生态板块内部提出生态保护和环境建设的引导，促进团域空间的集约、优质发展。该板块的建设与控制应遵循以下原则：

原则上不再增加新垦农业用地，全面推进农业节水设施建设，大力发展以节水、高收益、多元特色为特点的高效生态农业，大幅提升单位面积农业产值；在农业区推广"大网格、宽林带"的农田林网建设模式，降低沙尘暴等灾害性气候的影响；对水田、鱼塘等农业湿地采取生态保育政策，严格保护其水质安全，促进农业湿地向自然湿地系统的演变。

2）南部城镇生态建设板块

南部现状建设较多，区位优越、用地完整且道路交通条件具有一定基础，因此作为主要的城镇建设区，即城镇生态建设板块。对该板块的建设与控制遵循以下原则：

不断完善城市绿地结构，提高主要公园绿地、防护绿地和道路附属绿地的连贯性，提高生态效益；实行城市绿线管理制度，在规划中确定绿线范围与配置要求，保证城市绿地不被侵占。

2. 廊道绿隔限定

通过生态廊道与绿化隔离带的设置，限制城市空间的无限蔓延和控制相邻组团的连片发展。

在团域主要城镇建设空间外围划定绿化隔离带，宽度200～500m，控制未来城镇建设盲目扩张，引导区域内绿色产业发展，构建城镇外围的大型带状郊野游憩系统，实现人居建设环境与自然环境的缓冲与协调。

保留团域三个城镇组团之间的现有部分农业空间，形成都市农业生态廊道。廊道的建立对南北方向上水资源和生态流的沟通有着重要的生态作用，同时避免了组团连片发展，并成为传统农业向具有生产、休闲、游憩等复合功能的现代都市农业转型的示范区域。

3. 绿带互通联网

在结构上增加第三层次绿带，城镇内部主要绿地保持连续，形成若干条公园带，与生态廊道、绿化隔离带等大型绿色空间相联系，使团域生态更趋稳定，生态要素向人居环境逐级渗透，改善城镇建设空间小气候与景观环境，并为居民提供丰富多样的绿地功能类型和服务。

4.4.5 绿色基础设施的规划引导

1. 区域绿色基础设施网络衔接

不断完善城市的绿地基础设施结构，提高主要公园绿地、防护绿地和道路附属绿地的连贯性，提高生态效益。同时，重视与宏观层面基本框架的衔接，在其绿色基础设施骨架下细化中观五一农场团域的绿色基础设施网络（图4-27~图4-29）。

2. 划定绿线范围

实行城市绿线管理制度，在控制性详细规划和修建性详细规划中确定绿线范围与配置要求，并将其纳入禁建区政策的一部分，保证城市绿地不被侵占（图4-30）。

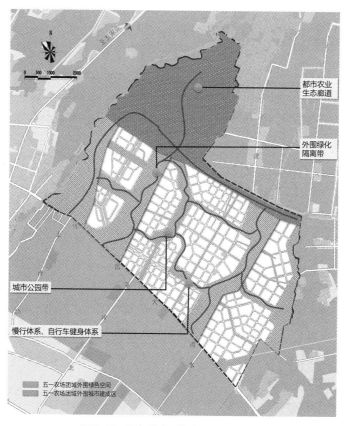

图4-27 绿色基础设施空间布局规划图

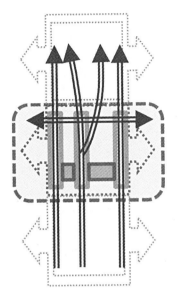

图4-28 绿色空间结构图

图4-29 区域绿色基础设施网络的衔接关系

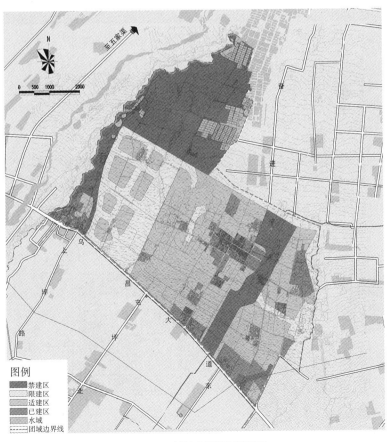

图4-30 城镇空间管制规划图

3. 保障绿地生态性和多功能性

1）都市农业生态廊道

保持廊道畅通，禁止开展与都市农业和休闲、观光无关的建设项目。

推进农业产业结构转型，构建以生态绿色农业、观光休闲农业、高科技现代农业等为标志的现代都市农业体系。设置农业采摘园、农业观光园等农业休闲项目，为旅游和居民游憩服务。

2）外围绿化隔离带

绿化隔离带划定区域范围内原则上不再新增建设用地，现有村庄、道路等建设用地应加强绿化建设，提升绿地率，控制建设强度。对环境影响较大的建设项目应逐步搬迁，并进行生态恢复。

在绿化隔离带范围内城镇上风方向区域以苗圃、防护林等形式建设以乔木为主体的氧源绿地和防风沙林地；以乔木为主体的绿地面积在绿化用地中达到20%～40%以上；沿干路两侧设置宽度为50m的生产性景观种植带，丰富沿路的景观体验。

3）城市公园带

城市公园带的建设注重生态优先，植物材料的选择与种植方式突出节水、防风等生态功能。同时，依托城市公园带，建设连贯的步行体系和自行车健身体系。城市公园带的边界应以开放式为主，提高公园可达性，为居民提供更便捷的服务（图4-31）。

4. 提升农田生态化

（1）不再增加新垦农业用地，全面推进农业节水设施建设，大力发展以节

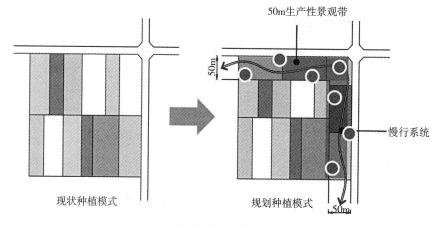

图4-31 融合慢行系统的景观营造模式

水、高收益、多元特色为特点的高效生态农业，大幅提升单位面积农业产值。

（2）在农业区推广"大网格、宽林带"的农田林网建设模式，降低沙尘暴等灾害性气候的影响。

（3）对水田、鱼塘等农业湿地采取生态保育政策，严格保护其水质安全，促进农业湿地向自然湿地系统的演变。

5. 引导"两区三组团"的城市格局

在绿色空间布局结构的引导下，城市形成了"两区三组团"的发展结构。其中，北部区域以现状鱼塘水域为核心，作为禁止建设区，以生态保护与涵养为主；南部现状建设较多，区位优越、用地完整且道路交通条件具有一定基础，因此作为主要的城镇建设区。

此外，在绿色基础设施的布局框架下，结合五一农场团域范围内各城镇建设组团的区域位置、资源条件以及现状建设等要素的综合分析研究，城镇建设区被划分为三个特色功能组团，并根据其特色功能自东向西命名为：蓝色组团、红色组团以及绿色组团（图4-32）。

（1）蓝色组团——蓝色象征天空的颜色，临近机场的东部组团将重点发展临空经济核心产业与相关产业，为机场空港提供完善的配套服务，同时利用门户交通优势，发展区域总部基地与商务办公等职能。

（2）红色组团——红色象征政权与军队，表现中部组团将以兵团行政职能为核心。是布局行政办公职能的良好空间，同时也考虑为由西郊三场构成的新城区以及五一农场提供行政管理办公空间。

（3）绿色组团——绿色象征自然环境，体现了生态文明与城市文明的和谐共融。西部组团紧靠头屯河，现状区域内主要为大面积苗圃，生态绿化资源优势明显。因此，在考虑该组团的功能时，强调了对生态环境的保护，以打造生态化的健康宜居示范基地为目标，控制建设强度与空间格局，延续与保护原有生态肌理。

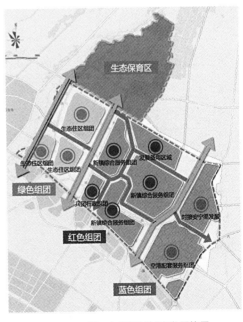

图4-32　五一农场团域城市发展格局

4.4.6 相关基础设施的引导对策

1. 奠定道路体系框架

1）构建"内慢外快、内达外畅"的交通网络

团域内部联系以稳静交通为主，慢速、通达为目标，更注重对良好交通品质的打造；对外联系则在保证与周边地区联系通畅的基础上，强调对外交通的快速、便捷（图4-33、图4-34）。

2）以绿色交通为核心，打造宜人的交通环境

团域内部交通联系以稳静交通为主，慢速、通达为目标，更注重对良好交通品质的打造，同时强调团域内道路慢行体系以及道路"微环境"打造，营造舒适宜人的慢行空间。更重视慢行和公交系统的规划，保证其通行空间，构建符合城镇定位的多模式交通系统。

3）智能交通系统"1个中心、5个系统"

交通运行管理注重高科技的应用，以提升交通信息化水平，构筑绿色高科技的信息化平台。

2. 绿色水环境保护

1）水环境功能区划分

依据《地表水环境质量标准》GB 3838—2002和规划控制目标，结合现状水环境特征，按功能将地表水划分为Ⅲ类和Ⅳ类。Ⅲ类水环境功能区：主要为团域

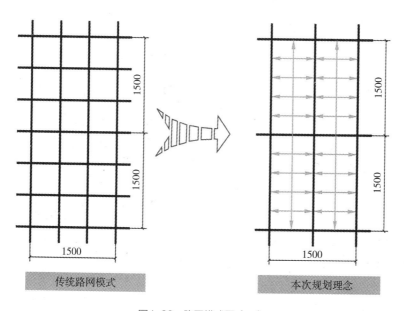

图4-33 路网模式图（m）

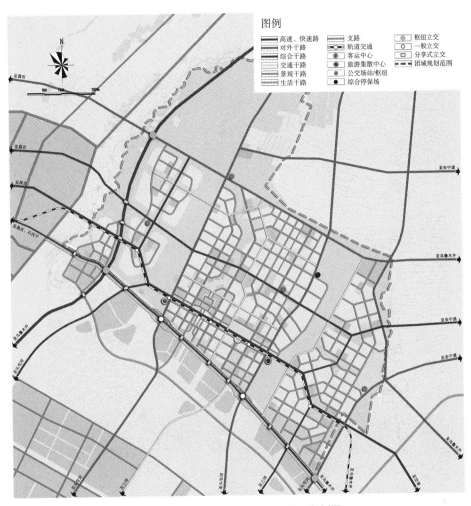

图4-34　五一农场团域综合交通体系规划图

内公园的景观水面；Ⅳ类水环境功能区：头屯河。

2）严格控制工业对水资源的污染

调整工业用地布局，控制污染工业，对需要落实的工业项目应当在可行、有效的排污处理系统得到保证的前提下进行建设；改进工艺设施，提高水的重复利用率，鼓励节约用水，鼓励高技术、水资源利用率高、污染少的项目落户；合理开发水资源，严格控制地下水开采量（图4-35）。

3）建立完善的排水系统

建设完整的污水收集系统，因地制宜地选择合适的雨水排除方式，积极实施控制初期雨水污染的措施；采取统一规划、分期建设的污水系统建设方式，确保污水系统能够切实地发挥应有的作用；升高污水处理等级，严禁直接排放没有经

图4-35 五一农场团域给水系统工程图

过处理的污水（图4-36）。

4）加强对污水的资源化利用

实行分质供水，采用再生水回用技术，进行道路浇洒、景观水补给等，降低给水系统的需求量。

3. 强化水环境安全

本地区的主要河流为头屯河，对地区破坏较大的河流也是头屯河，因此需要对头屯河采取适当的防洪措施。

（1）对河道两侧的开发进行控制，减少人类行为引发的影响因素；除此以外，还有重视河道两岸景观和生态环境的要求。

（2）根据流域特点对其进行分区，并设置控制线，根据汛期需要进行分区控制，合理安排各分区洪涝水出路；合理控制面标高，避免发生洪涝灾害转移；尽

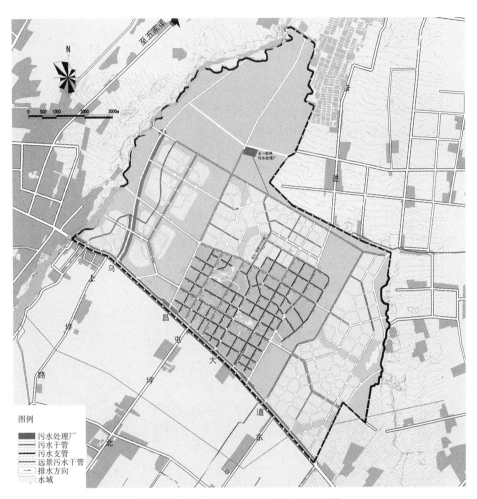

图4-36 五一农场团域污水排放系统规划图

量避免出现以工程措施改变洪水走向和出路、人为增加防洪压力的情况。

（3）积极实施相关工程措施和河道疏浚工作，恢复河道原有的过水能力，同时建设具有防洪效用的灌溉水库，将汛期的洪水收集蓄积起来，为下游的农业发展提供更好的水资源保障（表4-6）。

防洪措施实施前后1%、2%与10%频率设计洪峰流量　　　表4-6

	1%	2%	10%
现状水平年	68.55	60.33	30.95
头屯河水库除险加固	196.13	159.28	45.71
头屯河水库除险加固＋新建楼庄子水库	76.66	21.86	6.29

4.5 微观：五一新镇层面的绿色基础设施研究

4.5.1 现状特征要素分析评价

1. 植被退化严重，水资源相对短缺

五一新镇位于典型的荒漠绿洲过渡地带，存在干旱缺水、绿化面积不足、植被退化、沙漠侵蚀等问题，整体自然生态环境较为脆弱。具体表现为：环境异质性大，自然条件相对恶劣，植被大面积退化，土壤贫瘠，水资源极度稀缺，剧烈的风沙活动，土地荒漠化程度高。

2. 地形西南高东北低，原始水文脉络清晰

场地整体地势较为平缓，由西南角（最高高程599m）至东北角（最低高程556m）缓慢递减，场地最大高差为33m。因该区域土地开发程度相对较低，新镇区域的原始水文网络与整体地形坡度趋势一致，沿西南至东北的方向分布，脉络清晰。

南北长约5~13km，东西宽约6~9km，海拔高度520~616m，地势由东南向西北倾斜，平均坡降7‰，呈南高北低。

3. "田"字形用地结构，网格状道路结构

因原始居民的农业生产作业活动，新镇区域内的土地大多沿南偏西30°的方向，较为有序地划分为"田"字形格网用地结构，且地块基本单元模数由大至小分为430m×660m、380m×480m、190m×270m。与土地利用的划分方式相一致，该区域的原始道路也遵循"田"字形的网格状分布形式（图4-37~图4-39）。

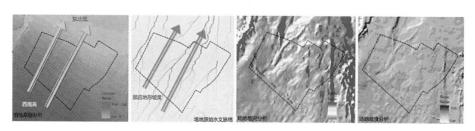

图4-37 地形地貌GIS分析

图4-38　原始"田"字形用地肌理

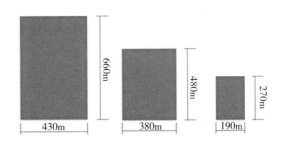

图4-39　"田"字形用地结构基本组成单元

4.5.2　绿色基础设施的规划目标及引导原则

1. 规划目标

1）核心任务：生态功能修复与完善

五一新镇有着丰富、优良的自然生态资源，对于一个全新建设的新镇，生态园林化是规划建设的基本原则。

城镇建设区的外围应严格控制保护生态涵养地区，禁止盲目建设，积极、科学地对生态地区进行保护、恢复。在规划中不仅强调了城市绿化的可见性、美观性，还更加注重绿化工程内部的微生态系统的实际生态效益。在保障城市形象的前提下，摒弃粗制滥造、不切实际的形象工程，合理布局城市景观绿化并将其与整体生态系统相衔接，强化绿色基础设施的系统性和网络性。通过摒弃破碎化、片段化的绿地，不仅凸显了绿色开敞空间与城市建成区所形成的整体的"大地景观"特性，更极大地提高了绿地的生态效益和自然服务功能，较好地满足了绿化空间数量和质量方面的同时需求。

2）主要职能：公共服务

五一新镇绿色基础设施系统的目标不仅仅是连接建筑和分配自然资源，更多的是为新镇居民提供舒适、便捷、有效的城市公共服务。需要加强景观游憩设施的规划设计，赋予生态绿地更为积极的作用。

3）重要目标：引导基础设施系统一体化

将现存的城市环境的元素——道路、建筑、绿带等——作为新镇绿色基础设施系统的组成部分对城市居民提供综合服务，重视建成环境与自然环境间的关系，强调绿色基础设施与公共基础设施系统的一体化。对于基础设施系统，不能简单依靠扩大规模去满足最极端的情况，相反应该在供应方和需求方间找到平衡点，既满足城市居民的合理需求，又保障有效的资源交易，即既提高了基础设施的服务价值，又减少了其所消耗的能源和资源，使五一新镇的基础设施系统更具可持续的特征。

2. 引导原则

1）延续"田"字形用地布局结构

五一新镇的绿色基础设施规划应充分尊重场地的原始地形地貌，遵循其原始有序的用地布局结构，在"田"字形的布局结构引导下形成新镇的绿色基础设施网络骨架。充分地尊重并合理地利用场地的原始用地布局结构，不仅能为形成完整的绿色基础设施网络系统提供合理、有效的基础框架，还能为新镇未来城市用地的布局提供可靠的依据，同时也避免了网格状城市通常容易产生的单调感和雷同感。

2）区域绿化生态廊道统筹

规划将外围西北、东南两侧的绿化生态廊道建设纳入城市整体绿色基础设施网络中，与新镇的城市内部绿色基础设施网络相结合进行整体化考虑。通过强调不同层级间的网络系统的相互连接，利用绿色基础设施的整体网络效应最大化的特征，最大限度地发挥绿色基础设施系统的生态功能效益，通过形成一个巨大的网络回路促进整个城市的循环性的新陈代谢，促进生态能源的有效循环运转，改善并维持城市未来发展的生态需求。

3）低冲击水环境开发

水资源的严重短缺是五一新镇发展面临的重要难题之一，影响了五一新镇整体生态环境的改善和提高。由于降水量低、蒸发量大，水资源的存蓄及合理利用对于城市整体水环境也变得十分重要。

在五一新镇绿色基础设施规划中，通过运用生态设计和生态功能的理念方法，利用"低冲击"模式进行水环境开发，强化绿色基础设施的生态效益。

4.5.3 绿色基础设施空间布局

结合城市原始用地布局结构、绿色基础设施及兵团功能的各项需求，规划形成了五一新镇的绿色基础设施网络模型："十字轴、田字格、散布点"（图4-40、图4-41）。通过十字形的纵横两条生态主轴构建城市建成环境与自然化境的主要通道，加上平布的网络状绿道系统，全面地满足新镇的绿色基础设施建设需求。同时，在城市局部的多个重要节点规划绿色基础设施的节点，设置不同的城市绿色功能，以上三者共同作用，构成了更为完善、全面的绿色基础设施网络系统。

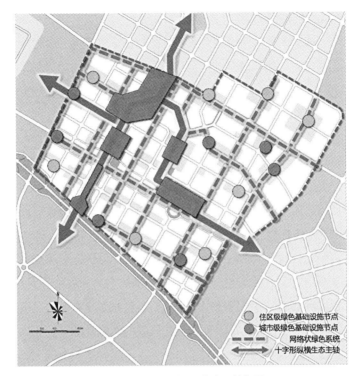

图4-40 绿色基础设施布局结构图

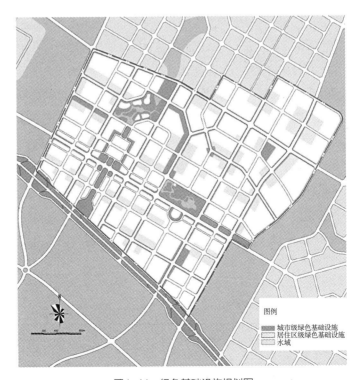

图4-41 绿色基础设施规划图

1. 十字轴：十字形纵横生态主轴

规划形成了横向的城镇生态轴与纵向的兵团生态轴两条主要的生态廊道，并通过局部变化调整更好地满足了城市用地布局的要求，同时也避免了普通轴线容易产生的单调乏味的缺点。规划中，纵横两条主要生态廊道承担着五一新镇的生态和城市两大重要职能：

（1）生态职能：横向生态轴线可以有效地串联新镇西北侧与东南侧的两条生态保护主廊道，纵向生态轴线则是连接北部生态保育区。通过其合理衔接，以上二者进一步完善了五一农场（团域）层面的整体绿色基础设施网络，并成为连接五一新镇的城市建成环境与城市周边自然环境的重要通道，能够有效缓解并改善五一新镇城市建成区的生态自然环境。

（2）城市职能：横向生态轴线以展示五一新镇的城镇建设风貌为主，纵向生态轴线以展现兵团特色风貌为主。此外，通过轴线上大量城市公共功能的设置，二者还能满足大量城市居民游憩休闲的需求。不仅在城市中为居民提供自然宜人的生态景观及环境，也重视居民城市现代化风貌的体验及感受。

2. 田字格：网格状绿道系统

在五一新镇缺水的大环境中，健康的水环境对于绿地景观的存活和区域环境的改善承担着关键的作用。水作为承载植物生长的重要组成要素之一，含水量的多少将会直接对其新陈代谢程度产生作用，最终影响植物的发育健康程度。因为干旱地区气候的特殊性，虽然五一新镇当地的植物能够依靠毛细管吸收少量的地下水来维持土壤水分，但从植物生长与地下水范围的关系表（表4-7）中可以看出，植被与地下水面的埋深范围间有着密切的联系，大部分生长良好的植物都集中在地下水小于5~6m的范围之内，超出此范围，植被的生长情况将会大受影响。合理规划和引导水文走向，增加植被下方土壤中的含水量才是保障植被长久性生长的核心。

因此，在十字形纵横轴带、东西两侧生态廊道以及北部生态保育区构成的生态大格局之下，规划充分尊重了原始水文脉络的走向，在原始水文的框架上设计了贯穿五一新镇城市内部的整体的网络状绿道系统，进一步完善城市的整体绿色基础设施网络系统，同时还保障了绿化实现的可能性，提高了城市整体环境的生态性和自然性。

生长良好的植被在不同地下水埋深范围内出现的频率（%）　　表4-7

地下水埋深范围（m）	<1	1~2	2~3	3~4	4~5	5~6	6~7	7~8	8~9	9~10	>10
胡杨	3.03	24.2	33.3	27.3	12.1	–	–	–	–	–	–

续表

地下水埋深范围（m）	<1	1~2	2~3	3~4	4~5	5~6	6~7	7~8	8~9	9~10	>10
红柳	1.96	29.4	29.4	21.6	11.8	1.96	–	–	–	–	3.92
芦苇（矮）	6.86	28.4	40.2	16.7	4.9	1.96	0.98	–	–	–	–
芦苇（高）	20.7	62.1	17.2	–	–	–	–	–	–	–	–
罗布麻	4.17	16.7	45.8	12.5	16.7	4.17	–	–	–	–	–

资料来源：贾宝全，慈龙骏. 绿洲景观生态研究［M］. 北京：科学出版社，2003：124.

3. 散布点：散点状绿色基础设施节点

在网络状的绿色通道框架下，依据生态功能需求，在网络状的框架上设置了多处绿色基础设施节点，不仅扩散了绿色基础设施的服务范围，更促进了网络系统生态服务功能发挥。同时，也为城市功能的再植入提供了可能性。

1）城市级绿色基础设施节点

根据城市功能的需要，在主要绿色基础设施轴线上植入城市级绿色基础设施节点，并布置城市大型公共服务设施功能，大多数以"公园"为代表形式，例如城市中央公园、社区活动公园、艺术公园等，为城市居民提供更多开敞空间和休闲娱乐的可能性。

2）居住区级绿色基础设施节点

结合网络状的绿色框架，规划把居住区绿地与城市公园绿地相结合，在绿色基础设施的网格状框架中均匀布置大量居住区级绿色基础设施节点，保证城市的任一地段500m服务半径内都有绿地景观，让自然充分融于城市，满足居民对绿地的需求。

4.5.4 生态绿色空间的营造

五一新镇地处天山北坡地区"山体、荒漠、绿洲"生态系统中的绿洲地带，但因为面积有限，且伴随着越发激烈的人为活动开发和干预，五一新镇所处区域一方面面临着来自于荒漠反弹所产生的灾害，另一方面更需要积极承受由于区域发展推进所带来的环境破坏。在应对这些灾害时，恢复及扩大植被覆盖面积成为最为直接、最为有效的办法和措施。

同时，因为整体区域的水环境容量相对有限，土壤沙质化现象以及土壤中有机质含量偏低也是当地面临的难题，针对该地区的合理的绿色空间营造就显得尤为重要。

图4-42 胡杨、红柳、沙棘、新疆白榆
（资料来源：互联网）

1. 植被类型

因为乌鲁木齐特殊的气候条件，大乔木、小乔木、灌木三类木本植物在区域的植被组成中占据了重要地位。其中，大乔木拥有直立的主干，高度10～40m不等，包括以胡桃为代表的夏绿阔叶乔木和以胡杨为代表的夏绿小叶乔木；小乔木高度为6～10m，均为夏绿阔叶小乔木，以沙棘为代表；灌木亦为夏绿阔叶灌木，丛生，高度在1～5m间，以适中温超旱生的沙拐枣等为代表[46]（图4-42）。

2. 线形绿地的空间组织

1）郊野型绿道

从西郊三场整体的绿色基础设施空间布局结构来看，五一新镇规划范围的西侧、南侧和东侧均为郊野型绿道区域。该区域土地相对肥沃，现状耕地所占比例较大，未来主要构建"窄林带、小网格"的护林网，再辅以局部小面积经济林、用材林，通过采取"农林混作"的生产方式，维系区域生态系统安全[47]。其中，对于农业种植种类的选择来说，由于粮食作物的经济价值和对自然灾害及市场风险的抵御能力均相对较低，在资源相对有限的情况下，适宜进行规模化的经济作物种植，如棉花、甜瓜等拥有专业化前景的作物，将绿洲农业的潜力充分发挥[47]。

2）都市型绿道

五一新镇规划红线范围内的绿色通道均归纳为都市型绿道，以景观性和生态性为主，统一进行考虑。

根据五一新镇水资源匮乏、气候干燥、风沙天气多等特征，在五一新镇规划范围内适宜选择枝叶密集、树冠覆盖面积大、根系深的植被为主要的绿化使用类型，其中以红柳、芦苇、罗布麻等为代表的乔木、灌木为主。但对于胡杨来说，虽然其是夏绿小叶乔木，但由于其相对特殊的生态适应性，"地上部分能

图4-43 大叶榆、大叶白蜡、圆冠榆、樟子松
（资料来源：互联网）

够适应干旱的荒漠气候，地下部分能在只有潜水供应或短暂性洪水灌溉盐渍化的土壤中存活"[46]，因此也成为五一新镇在构建都市型绿道过程中重点使用的植被之一。

道路绿化作为都市型绿道的重要组成部分，对区域的绿地网络建设也承担着重要的作用。在行道树的树种选择方面，以榆树、槭树和针叶类为主（图4-43）。其中，榆树类都以白榆为砧木，嫁接而成，包括大叶榆、圆冠榆、黄榆等；槭树类包括大叶槭、小叶白蜡、槭树等；针叶类包括樟子松、云杉等。这三类树种寿命较长且落花落果较少，在荒漠开发和临时开发中有着良好的功效，同时，多种类型的植物选择及组合配置也从另一个角度促进了植物多样性的保护和完善。规划区内道路旁绿化廊道的宽度保障在5~10m之间，一方面最大限度地保证生态效应的发挥，另一方面不干扰城市道路的正常交通运行。

3. 节点绿地的空间组织

在城市绿色基础设施网络的基础上，通过节点处绿地空间的组织规划丰富了城市绿地的生态性和功能性。

首先，根据城市功能需求，将节点处的绿地空间划分为综合公园、专类公园、街旁绿地和绿化广场四类进行设计。同时，这些绿化节点通过与都市型绿道衔接，将城市的公园、广场、绿地等绿色开敞空间统一起来，营造了五一新镇的公共开敞空间系统，创造了宜人的城市公共空间网络（图4-44）。

1）综合公园

综合公园为规模较大的绿地，除主要的生态功能外，增设内容丰富的公共休闲活动设施，适宜公众开展各类户外活动。五一新镇综合公园共计2处，即城市中央综合公园和"塞外江南"园林艺术展示公园。

2）专类公园

根据城市功能的特殊需求，设计7处，即生态园林示范展园、儿童公园、"千

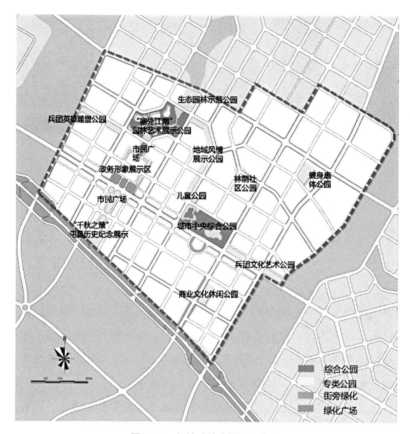

图4-44　绿地功能多样化示意图

秋之策"屯垦历史纪念公园、政务形象展示园区、地域风情展示公园、兵团英雄雕塑公园和兵团文化艺术公园。除传统的生态功能外，此类公园还具有各自特定的内容和形式，能够分别满足形象展示、文化传承、运动健身、市民休闲等不同的城市需求。

3）街旁绿地

街旁绿地主要设置供市民进行休闲娱乐的设施，服务半径为300～500m，由街道广场绿地、小型沿街绿化用地等组成。

4）绿化广场

五一新镇绿化广场共计2处，即分别位于兵团政务区南北两侧的市民广场，为市民提供休憩、集会、运动等功能。同时，在保障广场基本使用空间的前提下，规划强调最大限度地扩大植被栽种面积，在必须使用硬质地面的区域内尽可能采用渗透性铺装，增加地表渗水面积和渗水总量（表4-8）。

规划主要公园绿地一览表　　　　　　　　表4-8

公园名称	面积（hm²）	功能定位	景观特色
城市中央综合公园	21.1	综合游憩、文化展示、生态示范、服务周边	大地艺术的展现、地域特色，生态设计手法使景观灵活变化，复合的空间层次丰富游憩体验
"塞外江南"园林艺术展示公园	21.5	滨水游憩、接待服务、文化展示	古典意境、中式园林，文化景观、寓教于乐，雨水收集、湿地净化
林荫社区公园	1.0	日常健身活动场所、居民综合休闲游憩	空间紧凑、景观匹配周边环境
健身康体公园	3.8	日常健身活动场所、居民综合休闲游憩	场地景观匹配周边环境，氛围活泼、活动场地丰富
商业文化休闲公园	2.3	商业休闲、居民游憩、文化展示、道路景观	整体和谐、局部变化，休闲氛围、环境亲切
生态园林示范展园	5.4	园林生态技术示范、郊野科普、居民游憩、室外展会	现代手法、细部精致，生态设计、新型技术
儿童公园	0.8	儿童游乐、科普教育、家庭亲子活动	形式活泼、富有童趣，富于创新、寓教于乐
"千秋之策"屯垦历史纪念公园	10.5	屯垦历史纪念、公共休闲游憩、城市文化宣传、城市入口形象展示	主题叙事、景观序列，空间开合、富有节奏
政务形象展示园区	4.5	政务形象展示、政务接待服务、办公休憩环境	开敞大气、严整有序、空间尺度对比
地域风情展示公园	8.1	各师展示、居民游憩、道路景观	大地艺术、地域景观，整体和谐、局部变化，尺度宜人、环境亲切
公园名称	面积（hm²）	功能定位	景观特色
兵团英雄雕塑公园	4.3	各师展示、居民游憩、教育展示、道路景观	叙事序列、雕塑艺术，整体和谐、局部变化，尺度宜人、环境亲切
兵团文化艺术公园	6.5	各师展示、文化宣传、居民游憩、道路景观	文化内涵、情景表达，整体和谐、局部变化，尺度宜人、环境亲切
市民广场	2.9	集会活动、文娱观演、政务形象展示	空间开合有序、使用功能灵活，环境生态宜人、景观简洁大气

4. 绿地空间生态性的强调

在绿地空间的处理中，对不同类型的植被进行合理配置是促进绿地生态效益的重要措施之一。

首先，通过在城市内部绿色通道区域大面积使用大乔木和灌木类植物，一方面可以利用密集的大冠树种提高对强光的遮蔽作用，降低城市绿道的风速，提高其抗风性（绿带能使风速降低35%～75%[48]）；另一方面更能利用植物的蒸腾作用提高周围空气的湿度（绿带周围空气相对城市区可高出10%～20%，大型公园更可高出27%左右[48]），从而促使绿道与城市建成区域间形成气压差，促进空气湿度循环，改善建成区域的空气状况。

其次，相对乔木和灌木而言，草坪具有更好的除尘表现，在五一新镇绿地的设置中需要重视。通常情况下，草坪上方比裸露地面拥有更低的浮沉浓度，仅为其1/5，当地表风力达四级以上时，该值甚至可以降低至1/60[48]；同时，当乔木、灌木以及草坪三者组合配置且宽度达3～70m时，可以降低3.7～7.5dB（A）左右的噪声。因此，草坪的重要性也同样不容忽视。

由于乔、灌、草坪三者组合配置的复杂程度将直接影响其防尘、抗风、降噪等生态效益的发挥程度，且组合方式越复杂，生态效益越高，因此在五一新镇绿地的植物配置中，应重视三者结构的均衡度，最大效益地发挥其生态功效，改善城市生态环境。

4.5.5 低冲击水环境的构建

众所周知，五一新镇地区的植被分布与所在区域地下水的水位和水质有着密切的联系，因此如何在水资源总量有限的前提下，通过对雨水进行人工引导，增加区域土壤的蓄水能力，提高植被的存活能力是重点，同时，合理引导城市污水排放，构建水回用系统也必须重视。

1. 城市雨水工程

规划区内的降水特点有别于内陆地区的城市，规划区的年降雨量更为平均，月际间的降水量差别更小。规划区内现状没有雨水排除设施，降雨沿道路自然流向低洼地或被蒸发。

本次规划中，通过对雨水进行最大限度的人工引导，强调绿地的含水蓄水能力，非单一线型的结构特征使之成为具有净化水质、储水蓄水能力的系统。设计在局部地区强调蓄渗，尽可能增大雨水入渗时间与面积，令地块内的径流不进入道路排水系统，力争实现设计暴雨零排放，道路雨水可以由低洼渗透性景观或林间渗渠等收集蓄渗。同时，在尊重场地原始水文走向的基本原则之下，顺应自然的原始脉络，让后续的人工水通道与自然水通道有效地结合，使两者的生态效益得到充分的发挥。

1）雨水网络

考虑在规划区应实行均匀分布，并划定分区；分析现状地形条件，在延续原始的水文走向的基础上，整理形成以南北向为主、东西向为辅的排水方向（图4-45）。

2）雨水控制

（1）林间渗渠系统

规划不在道路下修建雨水排水管道，而是结合道路防护林带的建设，在林带中形成一条人工渠道，收集道路雨水及小区内的超标雨水，并强化渠道的下渗能力，以期达到补充林带浇洒，提高雨水利用率，减少建设工程量的目的。林间渗渠的断面形式，分两级，第一级距地面下沉约30cm，过水断面面积较大，可以蓄渗超标雨水，第二级再下沉50cm，渠底宽只有60cm，主要蓄渗设计频率的降雨。同时，林间渗渠的衬砌采用自然砌石，增大滞水能力及下渗能力。

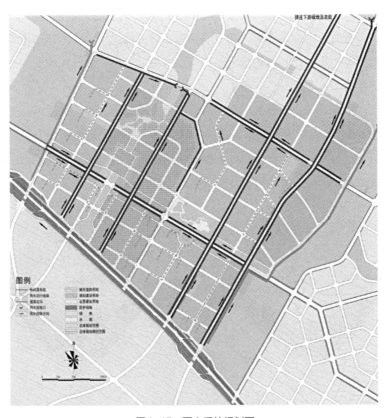

图4-45 雨水系统规划图

（2）小区内部雨水控制

小区内的绿化率不应低于40%，通过控制建筑密度降低硬化地表面积；

设置集中汇流的下沉式绿地，即形成雨水花园（rain garden），用以滞蓄雨水，并通过植物净化的方式削减初期雨水中的污染物浓度。

（3）公共空间雨水控制

公共建筑密集区应建设雨水收集、滞渗设施，减少大型公共建筑硬化地面后的雨水径流产生过快问题；

地面停车场、人行道、新建道路应使用透水性铺装，加大雨水的入渗率，降低径流系数，并有效地回补地下水。

（4）超标雨水的处理

首先，林间渗渠系统可以吸纳部分超标雨水。其次，当雨水从防护林带外溢后，规划允许雨水沿道路向下游自流；对超标雨水进行有组织的地面径流干预控制，并进行全程监控，本规划强调整个雨水过程都是可控的。当遇到极端降雨过程时，采用道路限制通行等交通管理措施，确保城市安全。

3）强化绿地内部空间的功能使用

转变传统雨水排放的模式，使用更加接近自然状态的方式对雨水进行管理，强调增强绿地的含水蓄水能力，通过浅草沟系统的构建尽可能不让雨水外排，使之分散蓄留和初步净化，从整体上强调雨水可持续利用，加强区域的生态环境保护和低碳生态城市建设。

（1）浅草沟系统：传统的浅草沟形式包括了卵石型浅草沟和植草皮型浅草沟两种（图4-46），针对五一新镇特殊的干旱气候，本次规划出于地方经济能力的考虑，放弃了植草皮型，仅采用卵石型浅草沟进行雨水收纳。在规划区内网格状绿道系统的基础框架之上，搭建浅草沟网络，构成场地的生态基底。

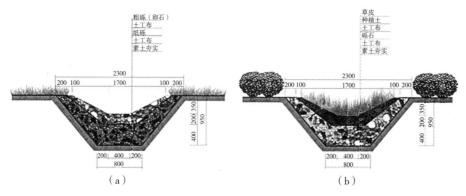

图4-46　浅草沟类别示意图
（a）卵石型浅草沟；（b）植草皮型浅草沟

（2）滞留池系统：改变传统的以"单一线型"为主的结构特点，代之以大量运用的"块状绿色节点"结构，与景观以及生态功能相结合的综合滞留池（小型湿地）设计。针对五一新镇的气候，除了采用传统的砾石质盆状洼地（图4-47）外，还设计了扩展型、池塘湿地型和浅沼泽型三类滞留池（图4-48）。其中，传统砾石型和扩展型滞留池主要运用于西南往东北方向的主要水流方向的绿化廊道中，池塘湿地型和浅沼泽型则因为对水量需

图4-47　传统砾石型滞留池示意图
（资料来源：互联网）

求较高而仅出现在城市中央综合公园和生态园林示范展示园内，主要承担生态示范的作用。在多处滞留池的综合作用下，形成多个多功能的雨水调蓄设施，起到净化水质和储水利用的多重效果。

（3）低洼渗透型景观：在局部草地空间、道路两侧绿化空间以及停车场绿化空间中，通过设计大量低洼渗透型景观（图4-49），起到进一步减少地表径流、补充城市地下水源的积极作用。

以上三大系统通过将绿色通道与雨水涵养有效地结合，整体布局了城市的雨水及污水管网系统，共同保障城市的水环境安全并且提高了城市的生态安全与稳定。

2. 城市污水工程

现状城镇污水通过镇区的明沟、暗渠收集排放，无完善的排水设施，对下游水体及周边土壤都造成了相当程度的污染。

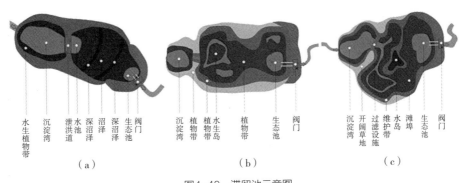

图4-48　滞留池示意图
（a）扩展型滞留池；（b）池塘、湿地型滞留池；（c）浅沼泽型滞留池

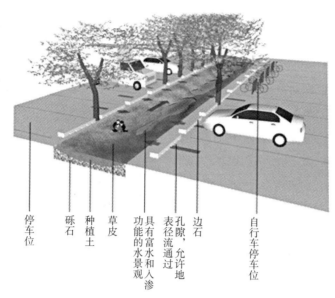

停车位

砾石

种植土

草皮

具有富水和入渗功能的水景观

孔隙，允许地表径流通过

边石

自行车停车位

图4-49 低洼渗透型景观示意图

图4-50 污水系统规划图

本次规划中，根据五一新镇的气候特点和地形条件，在重要地段采用完全雨污分流制，在一般地区采用不完全雨污分流制，两种排水体制相结合（图4-50）。

污水主干管沿南北道路方向，布置在道路西侧或北侧的人行道或非机动车道下。为减少建设泵站的资金投入以及降低能源使用，方便未来的运营管理，规划区内不设置污水提升泵站。综合考虑场地内外的地形情况进行污水管网布局，强调结合地形，利用自然地形走势。污水管道采用重力流形式，在布局上简捷顺直、节约大管径管道的长度，综合考虑规划区近远期建设安排。

3. 再生水回用系统

据目前国内外再生水利用的经验，结合乌鲁木齐市的水资源供需状况及经济发展水平，考虑规划区的用地类型，确定规划区再生水主要用于景观补水（城市公园娱乐性水面用水）、城市杂用水（绿地浇洒、部分公共建筑冲厕、道路浇洒）两个方面。规划区再生水回用优先保证绿地浇洒用水，其次是景观补水，再次是建筑冲厕用水。

规划区的再生水供给可采用两种方式：①在头屯河污水处理厂厂内建设再生水处理设施，水质达标后供给本片区；②在规划区东南侧建设再生水厂，采用头屯河污水处理厂的尾水作为水源，水质达标后供给本片区（图4-51）。

规划再生水管网为环支结合，干管尽量靠近大用户（集中景观水面、大面积绿地等）。管道沿线布取水口，供环卫车辆取水。考虑到再生水用于部分公共建筑冲厕，再生水管网最不利点水压控制在20m。

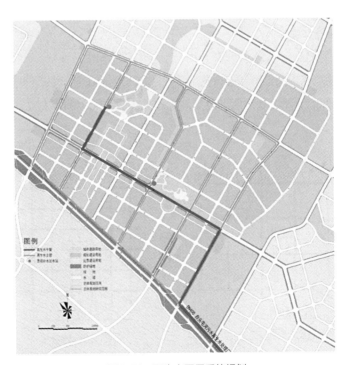

图4-51　再生水回用系统规划

4.5.6 其他相关基础设施的引导措施

1. 城市绿色交通系统

道路是城市的动脉，也是城市的景观走廊，城市道路的合理布局对于城市发展至关重要。对于五一新镇这样的绿洲城镇，道路绿地也是城市绿地网络的重要元素，道路绿化对优化城市生态环境、滞沙降沉以美化净化市容市貌，改善夏季户外活动的高温影响，收集雨水补充地下水，创造优美的城市景观等方面有着举足轻重的作用。

规划结合绿地系统、学校、居住区以及步行商业街的分布，建立方便生活、工作、休闲的绿色慢行网络，以步行、非机动车及公交为主导的绿色车行体系，城市绿色交通体系将为城市居民提供安全、便捷、高效、舒适的交通服务。

（1）结构：延续田字土地肌理，与绿色基础设施网络密度相适应，采用高密度、窄宽度的道路网络模式，提高城市运行效率（图4-52）。

（2）形式：构建独立慢行体系，强化道路微环境，倡导公交优先。

1）四大慢行交通

传统的慢行系统主要沿道路两侧布局，本次规划不仅考虑道路慢行，还将结合沿田园绿地、景观绿带，打造独立、连续的慢行系统。最终，规划形成田园绿道、游览休闲型、都市活力和住区休闲四大慢行交通系统（图4-53）。

2）两类慢行节点

在依托景观轴、主题公园形成以游憩、休闲功能为主、独立、开放的慢行交通系统的基础上，需对关键节点进行重点设计，确保慢行的连续性，同时方便换乘。

换乘节点：结合轨道站点、公交站点、停车设施、自行车租赁点等服务设施

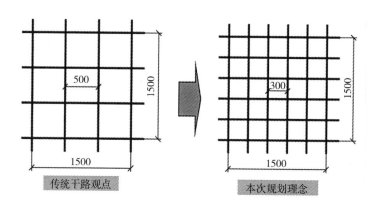

图4-52 高密度、窄宽度路网模式示意图

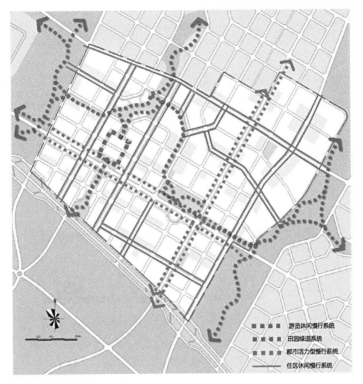

图4-53　城市慢行系统规划图

等，形成慢行换乘枢纽。

控制节点：一种沿河生态廊道与道路相交，采用下穿方式；一种绿带慢行廊道与道路相交，采用人行横道。

3）道路微环境

以"透水性铺装＋雨水种植边沟＋雨水种植池"为基本形式，规划改善慢行及车行交通的道路微环境，部分主要道路加设"雨水渗透园"，完善城市绿色基础设施网络的生态服务功能（图4-54）。

4）倡导公交优先

在道路路权和公交场站用地两个方面体现公交优先理念，降低城市交通压力。根据客运需求，在道路上规划公交专用道，在路权方面为公交车提供保障；根据公交客运量和车辆发展需求预测，为公交车辆的停放、保养和维修预留充足用地（图4-55）。

5）设立交通宁静区

采用宁静交通措施，设立四处交通宁静区，确保慢行交通、公共交通优先。

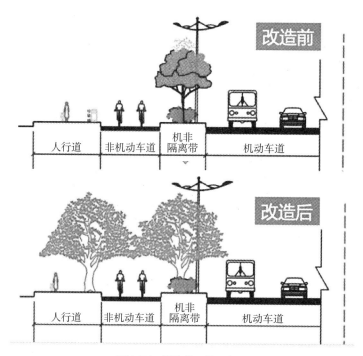

图4-54 道路微环境示意图

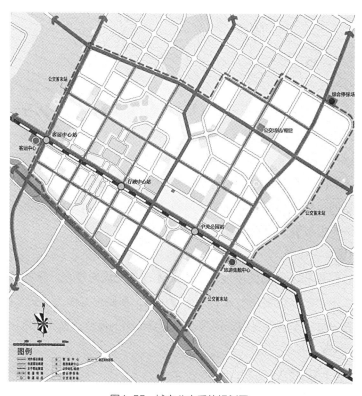

图4-55 城市公交系统规划图

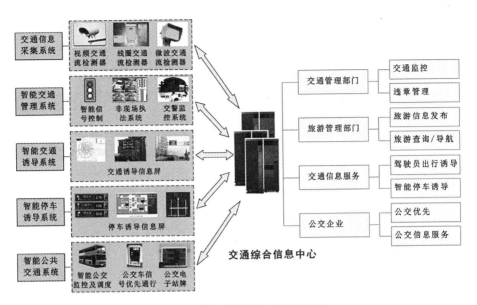

图4-56　五一新镇智能交通系统框架

通过交通管理、交通工程措施适当限制机动车快速交通，为生活区慢行交通提供舒适、安全的环境，以达到交通宁静化的目标。

6）利用智能交通系统

实现五一农场交通管理动态及静态信息的汇聚整合、综合分析与深层挖掘，构建更加完善的交通指挥和服务体系，保障公众出行获取信息的及时性和准确性（图4-56）。

2. 城市公共服务设施

规划的绿色基础设施网络为城市的公共服务设施提供了布局的依托和框架，城市绿色公共服务设施系统主要由兵团级设施、新镇级设施和居住单元配套三类构成。在形成的绿色基础设施网络的基础上，利用绿色基础设施节点所保证的居民步行500m以内有绿地的布局，合理布置公共服务设施点，提高居民日常对公共服务设施使用的便捷性，形成城市绿色公共服务设施网络系统（图4-57）。

将城市公共服务设施沿主要交通干道及重要绿色廊道簇群状布局。

1）十字轴绿廊及主干交通：兵团级设施

结合大型绿色基础设施节点布置，并考虑沿主要干道，保障了服务的便利性。

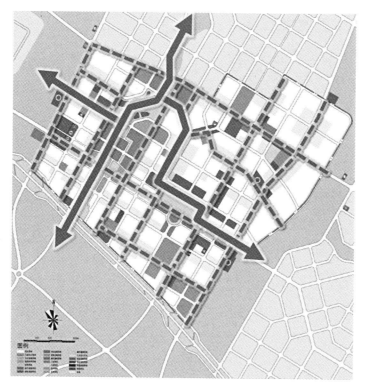

图4-57 城市公共服务设施与绿色廊道及主要交通干道的关系

2）田字格绿网及次级干道：新镇级设施与居住单元配套

将体育运动设施、文化设施、娱乐康体设施、医疗服务设施以及商业服务设施与绿带、公园、社区绿地相结合，沿绿色基础设施网络分布，形成绿色社区服务网络，满足服务半径。

第5章

关于我国绿色基础设施
建设的探讨

一直以来，我国面临着资源短缺、经济发展相对落后等多种现实问题，城市生态环境基础较为薄弱。同时，我国幅员辽阔，区域的生态类型及其面临的生态问题都不尽相同，无法用单一的普遍性规划途径来解决。与西方国家相比，我国的相关法律政策及规划体制等均有着较大差异，不能生搬硬套他们的绿色基础设施规划途径。因此，建立满足自身发展需求且具有中国特色的绿色基础设施规划途径成为提高我国绿色基础设施建设的必然要求。

5.1 强化绿色基础设施与城市可持续发展间的关系

综合西方国家的实践经验，并与中国的特殊国情相结合，绿色基础设施与城市可持续发展间的关系可归结为以下几点。

5.1.1 重视绿色基础设施系统对城市的生命支撑作用

1. 城市的自然支撑系统

绿色基础设施是在延续Frederick Law Olmsted关于"保护和连接对人类有益的绿色空间"的基础上，立足城市范围，通过吸纳部分景观生态学和城市生态化的研究成果，如城市低影响交通、城市雨洪管理、城市湿地修复等，利用自然和人工系统共建城市的自然支撑系统，提升人类生存环境的质量。

2. 强调系统性、整体性

系统性作为绿色基础设施在空间上最为显著的特征之一，强调整体性而非零散性，是一个包含了"中心控制点"（hubs）、"连接廊道"（links）和"场地"（sites）的绿色空间网络系统。

相对西方国家的绿色基础设施建设而言，我国现状的禁限建区规划在很大程度上仅关注了不同类型保护用地的直接叠加，忽视了整体自然格局连通性和网络性的建立，无法完整地从生态学的角度满足生态修复和景观破碎化修复的目的。

5.1.2 注重绿色空间对经济发展的驱动能力

作为一项公共投资，绿色基础设施易受市场排挤，如何通过提高经济效益来带动多方参与一直是个难题。但需要意识到并重视的是，通过对以绿地为主体的生态环境进行改善，不仅能产生单方面的生态效益，更可有效地促进经济环境的改善。利用环境优势转换为经济优势，可提高周边地区的产业发展，同时，高质量的自然环境还可以进一步地提升城市的知名度以及促进城市有形和无形资产的升值，从而更多地吸引资金投入，构建经济的良性增长。

在西方的绿色基础设施规划实践中，政府往往采取将绿地空间及土地资源的消极保护与积极发展相结合的办法。在规划中，一方面强调对绿色资产多重功能和效益的发掘，另一方面通过了解绿色基础设施的相关增值效益，增进社会对于其潜在价值的了解。在以经济和社会视角完善绿色空间的过程中，逐步增强绿色基础设施规划实施的可行性[49]。

5.1.3 强调绿色基础设施优先

在过去的很多规划中，自然空间往往被当做"未利用地"[①]进行处理，但事实上，"将一片区域恢复成自然状态往往比保护未开发的自然区域花费更大"[50]。区别于通常意义上的开放空间或绿地系统，绿色基础设施因为对人和自然所在的环境承担着重要的作用，因此被认为是具有预见性，需要优先考虑的引导措施。

通过在对现有土地充分辨识的基础上，"优先"划定保护区域的边界，绿色基础设施能够使规划编制先于新的土地分配形成之前完成，最大限度地提供土地的高效保护和开发。通过预先确定绿色基础设施系统框架，先确保已有的开放空间以及具有高产出价值的土地，将其视为基本的社区资源保护起来，能够保障其不被后续的大规模城市开发所破坏。

在我国，城市禁限建区的划定也同样被看做控制城市蔓延的途径之一，通过划定城市扩张的界限，保护城市建设不对非建设用地进行侵蚀。我国在2006年的《城市规划编制办法》和2008年的《城乡规划法》中都分别提出了禁建区、限建区、适建区范围的划定需求。但是在相关内容的保障实施方面，虽然有采取制定相关控制图则、导则及划定控制线的方式保障其落实，但是尚缺积极主动的观念。虽然有"先行"做出相关规划，但通常只是"被动"地接受划定的区域范围，将其当做不得不接受的限制条件，缺乏对"绿色基础设施先行"观念重要性的深入理解。"绿色基础设施优先"不仅可以提前保护土地资源及重要的自然空间，减少城市化过程对其的侵蚀，还可以提早为后期规划发展拟定框架，提供行之有效的保护及开发土地的途径。

---

① 未利用地是指目前未被人们直接利用或利用很不充分的土地。

5.1.4 利用绿色基础设施引导城市开发

绿色基础设施对于我国城市规划的重要之处还在于，绿色基础设施不仅重视对绿色空间的保护，更加关注的是如何运用绿色基础设施去引导城市土地的高效利用和未来发展，即遵循"绿色基础设施导向"的城市发展途径。同时，也进一步强化了绿色基础设施多功能性的特征。

1. 划定城市未来发展格局，控制城市无序蔓延

Benedictand McMahon曾在2002年提出，绿色基础设施是为城市提供了一个保护与开发并重的框架，并非让土地的保护与土地的发展成为对立面，而是将土地开发、城市发展以及其他基础设施等要素进行综合考虑。因此，绿色基础设施实则上是提供了一个"精明增长与精明保护"并行的，且具有积极意义的发展框架，为城市未来发展设定了一个积极的边界并要求将来的开发活动在此边界内进行。

2. 整合绿色基础设施到整体规划方案中

因为绿色基础设施的多尺度特征，相关绿色基础设施规划的组织和建设应与各层级的政府部门相衔接，并且将绿色基础设施作为各层级规划的重要组成部分，从多方面、多角度融入相应的规划设计及实践中。同时，绿色基础设施更增大了其他项目发生的可能性，例如，绿色基础设施的建设能够融入城市公共空间系统规划、城市文化遗产保护规划等，为市民休闲游憩活动、历史文化遗产保护、环境教育等提供有效的场所。同时，因为绿色基础设施不受政治边界影响，因而拥有更大的连通性，可以为洪水消减、水资源管理等环境计划提供更多机会。

5.2 强化规划设计方法的合理性

5.2.1 平衡规划中的多方利益

绿色基础设施规划作为一项由政府牵头的公共项目，但是否将足够全面的利益相关者纳入到项目过程中也是决定项目成败的关键因素。通常而言，绿色基础

设施项目涉及的利益群体不仅有公众、土地所有者，更应当重视在未来有可能对该区域进行投资的投资群体。即在项目进行过程中，除了应有相关领域，如生物学、景观学、地理信息学等学科的专家、学者和机构参与外，规划区的当地居民、区域内具有决策影响力的人物、项目投资者等，也应积极参与。只有多方利益主体和人员都共同地积极参与到绿色基础设施项目中，才能最大限度地保障一个项目的合理性，推动其顺利完成。

5.2.2　注重不同研究尺度的分类与探索

与交通、能源、电力等基础设施类似，绿色基础设施规划通常也涉及跨区域协调等复杂问题，时常还需要跨接多个行政区域的发展和土地利用计划，因此针对不同环境和发展条件，以及不一样的场所尺度，绿色基础设施所应当关注的要素就会呈现出其截然不同的特性。

因此，在规划前期应当针对不同空间尺度进行合理的尺度解析，并设定需要关注要素的类别。从景观、生态学等基本原理出发，可以在空间上衔接城市、社区、郊野等生态要素，并在区域、地区、社会的尺度上分层解析生态要素的特征，增加绿色基础设施规划的针对性和可操作性。

5.2.3　健全对大环境的分析

在绿色基础设施的规划方法中，对区域大环境的分析以及对各项资源属性的有效收集和准备是建立合理绿色基础设施网络的重要前提。其中，对资源潜在属性的鉴定和评估就需要依托一个完善的评估工具，现在西方国家中较为常用的是绿色基础设施评估。该评估方法是在景观生态学和保护生物学原则的基础上，与地理信息系统结合，利用空间数据多层叠加法进行数据处理，最终明确区域内各要素生态保护的先后顺序。

相对而言，我国目前的禁限建区规划仅关注了不同类型保护用地的直接叠加，忽视了整体自然格局连通性和网络性的建立，尚还缺乏从更为科学和更为生态的角度进行分析，以至于无法从生态学上切实满足生态修复和景观破碎化修复的目的。

5.2.4　加强后期的持续管理与维护

作为一项长期的环境发展战略，绿色基础设施同样需要一个稳定的后期管理及维护。在管理中，一方面需要通过长期的科学检测，建立适合当地的生态指标，以便对后期绿色基础设施网络中资源要素的状态予以评估和监控；另一方面更加需要加强在日常管理和监测中的资金和人力投入。在这当中，资金的巨大需求是显而易见的，更多的则是需要倡导并调动更多的居民或者利益相关者积极参与到相关的保护和管理工作中来，共同完成这一持久的绿色基础设施事业。

第6章
———
结语

6.1 绿色基础设施理念的思考

作为一项精细复杂的工作，绿色基础设施的理论研究涉及并整合了景观生态学、保护生物学、城市和地区规划、地理学等多门学科，并且遵循着"强调连通性、保护和开发并行、优先规划及保护、首要的公众投资"[23]等多项基本原则。在城市发展中，不仅需要重视生态环境的合理保护和建设，更要将自然生境的维护与城市的未来发展相结合，发挥绿色空间对城市无序蔓延的控制作用，保障土地的合理分配及城市的有序发展。

6.2 绿色基础设施规划工作的改进

作为一项公共投资，绿色基础设施首先需要将多方的利益相关者纳入到项目中考虑，进而再针对不同的研究尺度进行有针对性的分析及规划。规划中需要重视对整体环境要素的分析，只有在全面的信息收集和处理的基础上，才能更准确地设定和建立绿色基础设施网络。此外，由于绿色基础设施同时也是一项长期的环境维护计划，因此后期的稳定维护和管理也需要纳入考虑范围并进行合理的计划和安排。

参考文献

References

[1] Benedict M.A., McMahon E. Green Infrastructure：Linking Landscapes and Communities [M]. London：Island Press，2006.

[2] 沈清基.《加拿大城市绿色基础设施导则》评介及讨论 [J]. 城市规划学刊，2005 (5)：98-103.

[3] 张庭伟. 控制城市用地蔓延：一个全球的问题 [J]. 城市规划，1999，23 (8)：44-48.

[4] 马强，徐循初. "精明增长" 策略与我国的城市空间扩展 [J]. 城市规划汇刊，2004，3 (151)：16-22.

[5] 张晋石. 绿色基础设施：城市空间与环境问题的系统化解决途径 [J]. 现代城市研究，2009，24 (11).

[6] Fulton W.B., Pendall R., Nguyen M., et al. Who Sprawls Most?：How Growth Patterns Differ across the US [M]. Washington，DC：Brookings Institution，Center on Urban and Metropolitan Policy，2001.

[7] President's Council on Sustainable Development. The President's Council on Sustainable Development，Towards a Sustainable America-Advancing Prosperity，Opportunity，and a Healthy Environment for the 21st Century [M]. Government Printing Office，1999.

[8] Karen S.W. Growing with Green Infrastructure [M]. Doylestown：Heritage Conservancy，2003.

[9] Weber T., Sloan A., Wolf J. Maryland's Green Infrastructure Assessment：Development of a Comprehensive Approach to Land Conservation [J]. Landscape and Urban Planning，2006，77 (1)：94-110.

[10] New York City Hall. PlanNYC Progress Report 2009 [EB/OL]. 2006 [2013-01-12]. http：//www.nyc.gov/html/planyc2030/downloads/pdf/planyc_ progress_report_2009/ pdf.

[11] 张京祥. 西方城市规划思想史纲 [M]. 南京：东南大学出版社，2005.

[12] Jane Heaton Associates.Green Infrastructure for Sustainable Communities [M]. Nottingham：Environment Agency，2005.

[13] The North West Green Infrastructure Think Tank.North West Green Infrastructure

Guide［M］. The Community Forests Northwest and the Countryside Agency，2006.

［14］David Rudlin，Nicholas Falk，URBED. Building the 21st Century Home［M］// The Sustainable Urban Neighbourhood. Oxford：Architectural Press，1999.

［15］Karen Williamson. Growing with Infrastructure［J］. Heritage Conservancy，2003，1（8）：1-16.

［16］Tom Turner. City as Landscape：A Post-postmodern View of Design and Planning ［M］. London：Taylor& Francis，1995.

［17］Van der Ryn，Stuar Cowan. Ecological Design［M］. Washington，DC：Island Press，1996.

［18］Konstantinos Tzoulas，Kalevi Korpela，Stephen Venn，et al. Promoting Ecosystem and Human Health in Urban Areas Using Green Infrastructure a Literature Review［J］. Landscape and Urban Planning，2007，81：167-178.

［19］Dr David Goode. Green Infrastructure Report to the Royal Commission on Environmental Pollution［EB/OL］. 2006［2012-12-18］. http：//www.rcep.org.uk/ reports/26-urban/documents/greeninfrastructure-david-goode. pdf.

［20］Susannah E. Gill，John F. Handley，A. Roland Ennos，et al. Characterising the Urban Environment of UK Cities and Towns a Template for Landscape Planning［J］. Landscape and Urban Planning，2002，87：210-222.

［21］Greater London Authority. East London Green Grid Primer［EB/OL］.［2012-12-18］. http：//www.london.gov.uk/mayor/auu/docs/elgg-primer.pdf.

［22］Ted Weber，Anne Sloan，John Wolf. Maryland's Green Infrastructure Assessment： Development of a Comprehensive Approach to Land Conservation［J］. Landscape and Urban Planning，2006：77：94-110.

［23］朱澍. 基于绿色基础设施的广佛地区城镇发展概念规划初步研究［D］. 广州：华南理工大学建筑系硕士学位论文，2011.

［24］于洋. 绿色、效率、公平的城市愿景——美国西雅图市可持续发展指标体系研究 ［J］. 国际城市规划，2009，24（6）46-52.

［25］刘娟娟，李保峰，南茜·若，等. 构建城市的生命支撑系统——西雅图城市绿色基础设施案例研究［J］. 中国园林，2012，28（3）.

［26］付喜娥，吴伟. 绿色基础设施评价（GIA）方法介述——以美国马里兰州为例 ［J］. 中国园林，2009，25（9）：1-45.

［27］Sandstrom U., Angelstam P., Khakee.Urban Comprehensive Planning Identifying Barriers for the Maintenance of Functional Habitat Networks［J］. Landscape and

Urban Planning，2006，75：43 -57.

［28］Mark A. Benedict，Edward T. McMahon. Green Infrastructure：Smart Conservation for the 21st Century［J］. Renewable Resources Journal，2002，20（3）：12-17.

［29］刘海龙，李迪华，韩西丽. 生态基础设施概念及其研究进展综述［J］. 城市规划，2005，29（9）：70-75.

［30］Office of Sustainable & Environment. Sustainbale Infrastructure［EB/OL］.［2013-01-12］. http：//www.cityofseattle.net/environment.

［31］顾斌，沈清基，郑醉文，等. 基础设施生态化研究——以上海崇明东滩为例［J］. 城市规划学刊，2006（4）：20-28.

［32］裴丹. 绿色基础设施构建方法研究述评［J］. 城市规划，2012（5）：84-90.

［33］Leigh Anne McDonald（King），William L. Allen III，Dr. Mark A. Benedict，et al. Green Infrastructure Plan Evaluation Frameworks［J］. Journal of Conservation Planning，2005.

［34］ECOTEC. The Economic Benefits of Green Infrastructure：Developing Key Tests for Evaluating the Benefits of Green Infrastructure［EB/OL］.［2013-12-18］. http：//www.gos.gov.uk/497468/docs/276882/752847/GIDevelopment.

［35］王浩，等. 城市湿地公园规划［M］. 南京：东南大学出版社，2008：30-31.

［36］洪泉，唐慧超. 从美国风景园林师协会获奖项目看雨水花园在多种场地类型中的应用［J］. 风景园林，2012（1）：109-112.

［37］万乔西. 雨水花园设计研究初探［D］. 北京：北京林业大学城市规划与设计系硕士学位论文，2010：33-35.

［38］束晨阳，刘冬梅，韩炳越，等. 绿色先行——北川新县城园林绿地系统规划设计的实践与体会［J］. 城市规划，2011（z2）.

［39］陈振羽，魏维，朱子瑜，等. 可持续规划理念在北川新县城总体规划中的实践［J］. 城市规划，2011（z2）.

［40］陈弘志，刘雅静. 高密度亚洲城市的可持续发展规划——香港绿色基础设施研究与实践［J］. 风景园林，2012（3）55-61.

［41］殷广涛，黎晴. 绿色交通系统规划实践——以中新天津生态城为例［J］. 城市交通，2009，7（4）：58-65.

［42］顾斌，沈清基，郑醉文，等. 基础设施生态化研究——以上海崇明东滩为例［J］. 城市规划学刊，2006（4）：20-28.

［43］十二师西郊三场水资源保障情况汇报［R］，2012.

［44］古丽巴哈·扎依提. 乌鲁木齐市土地利用/覆被变化及其水文水资源效应研究［D］. 新疆：新疆师范大学自然地理系硕士学位论文，2011：75-78.

［45］杨齐，赵万羽，李建龙，等. 新疆天山北坡荒漠草地退化现状及展望［J］. 草原与草坪，2009（3）：86-90.

［46］中国科学院新疆综合考察队，中国科学院植物研究所. 新疆植被及其利用［M］. 北京：科学出版社，1978：68-69.

［47］贾宝全，慈龙骏. 绿洲景观生态研究［M］. 北京：科学出版社，2003：159-160.

［48］辛江，马勇刚，张健峰，等. 乌鲁木齐市生态绿地格局遥感研究［J］. 西部林业科学，2005，34（2）：53-57.

［49］王若冰，胡冬南. 城市绿地的经济效益与开发模式［J］. 城市环境与城市生态，2003，16：53-55.

［50］沈清基，安超，刘昌寿. 低碳生态城市的内涵、特征及规划建设的基本原理探讨［J］. 城市规划学刊，2010（5）：48-57.

［51］汪自书，吕春英，林瑾，等. 基于绿色基础设施（GI）的生态安全格局构建方法与实例［C］//中国城市规划学会. 城市规划和科学发展——2009中国城市规划年会论文集. 天津：天津科学技术出版社，2009.

研究就是生活，从不完美，但其乐无穷。

谨以此书记录那些年的梦想与希望。

图书在版编目（CIP）数据

城市绿色基础设施/任洁著. — 北京：中国建筑工业
出版社，2019.4
ISBN 978-7-112-23141-6

Ⅰ. ①城… Ⅱ. ①任… Ⅲ. ①城市绿地－基础设
施－绿化规划－研究－中国 Ⅳ. ①TU985.2

中国版本图书馆CIP数据核字（2018）第298132号

本书从辨识绿色基础设施的基本概念出发，从保障生态系统、控制城市蔓延、保护土地资源三方面阐述了绿色基础设施建设在可持续城市构建过程中的基石作用。同时，从绿色基础设施的缘起与发源开始，归纳并阐述了绿色基础设施的实质内涵及其具体内容，并对绿色基础设施分别作为规划理论和技术统筹时的实践进行了归纳分析。以项目为载体，从实践角度探索实现我国绿色基础设施建设的规划途径。本书适用于城市规划、城市设计等相关专业人员阅读使用。

责任编辑：张　华　唐　旭
责任校对：王　瑞

城市绿色基础设施

任洁　著

*

中国建筑工业出版社出版、发行（北京海淀三里河路9号）
各地新华书店、建筑书店经销
北京锋尚制版有限公司制版
北京建筑工业印刷厂印刷

*

开本：787×1092毫米　1/16　印张：7¾　字数：148千字
2019年4月第一版　2019年4月第一次印刷
定价：38.00元
ISBN 978 – 7 – 112 – 23141 – 6
　　　　（33229）